Ali Kamran
Mohammed Ali Al-Saleh

Um novo polerovírus associado ao amarelecimento do pimento na Arábia Saudita

Ali Kamran
Mohammed Ali Al-Saleh

Um novo polerovírus associado ao amarelecimento do pimento na Arábia Saudita

Pepper leafroll chlorosis viurs (PeLRCV); Identificação e caraterização (biológica e molecular)

ScienciaScripts

Imprint

Cover image: www.ingimage.com

This book is a translation from the original published under ISBN 978-620-2-19672-7.

Publisher:
Sciencia Scripts
is a trademark of
Dodo Books Indian Ocean Ltd. and OmniScriptum S.R.L publishing group

120 High Road, East Finchley, London, N2 9ED, United Kingdom
Str. Armeneasca 28/1, office 1, Chisinau MD-2012, Republic of Moldova, Europe
Printed at: see last page
ISBN: 978-620-8-02836-7

ÍNDICE DE CONTEÚDOS

Gostaria de dedicar esta tese aos meus queridos pais e irmãos com amor e agradecimento pelo seu apoio puro e incondicional e pela sua paciência

Agradecimentos

Estou grato a **Deus Todo-Poderoso**, que criou o universo diversificado com tal perfeição. **Ele,** que criou o ser humano superior a todas as outras criaturas, concedeu-me a oportunidade de servir a humanidade através deste estudo. O meu humilde Salwat é para o **Santo Profeta Muhammad** (), o último mensageiro de **Alá** a guiar os seres humanos para o caminho correto.

Gostaria de estender o meu respeito e sincera gratidão ao meu honorável orientador, Prof. Mohammed Ali Al-Saleh, pela sua orientação, paciência e ternura durante todo o meu estudo. Mohammed Ali Al-Saleh pela sua orientação, paciência e ternura ao longo de todo o meu estudo. Creio que não conseguiria concluir este estudo com êxito sem as suas discussões estimulantes, ideias críticas, observações e pura dedicação, independentemente do tempo. Sempre me encorajou e motivou a aprender os conhecimentos mais recentes sobre a minha investigação. Por vezes, pressionava-me a manter o meu objetivo sempre que eu ficava para trás, o que acabava por me favorecer. Estou-lhe grato por todos os seus esforços sinceros e pelo tempo de que dispôs para atingir este objetivo vital da minha vida.

Estou grato ao meu co-orientador, Prof. Ibrahim M. Al-Shahwan, pela sua amável ajuda e ideias valiosas durante o meu estudo. Ibraim M. Al-Shahwan pela sua ajuda e ideias valiosas durante o meu estudo. A sua análise crítica e as suas sugestões foram úteis para melhorar a minha tese.

Para além dos meus conselheiros, gostaria de agradecer ao resto do meu comité: Ahmad Sa'ad Al-Hazmi, e ao Prof. Younes Yousef Molan pelos seus comentários espontâneos e críticos, que me permitiram detetar os pontos fracos da minha tese e efetuar alterações cruciais de acordo com as suas sugestões.

Gostaria de agradecer ao Prof. Nicolaos I. Katis (Universidade Aristóteles de Salónica, Grécia) por ter participado no estudo das estufas de pimento e por me ter ajudado a definir a direção do meu trabalho de investigação.

Estou também muito grato ao Dr. Mahmoud Ahmed Amer por me ter dado todo o apoio na aprendizagem das técnicas moleculares. Sempre me ensinou com toda a dedicação tanto no trabalho de laboratório como na redação. Os meus sinceros agradecimentos vão também para o Dr. Omer A. Abdallah pela discussão sobre estudos em estufas e pela partilha da sua valiosa experiência em experiências com hospedeiros. Expresso o meu imenso apreço ao Dr. Leonidas Lotos (Universidade Aristóteles de Salónica, Grécia) pela sua assistência na análise de dados NGS.

Expresso os meus agradecimentos ao Prof. Yousif N. Al-Dryhim pelo seu gesto humilde e dedicado à identificação de espécies de afídeos e também ao Sr. Meshari M. Al-Harbi pela sua ajuda na preparação de lâminas para a identificação de afídeos. Estou grato ao Dr. Jacob Thomas

(Taxonomista/Curador, Herbário, KSU) por partilhar a sua vasta experiência na identificação de muitas espécies de ervas daninhas.

Agradeço muito aos meus colegas de laboratório; Dr. Muhammad Taimoor Shakeel, Muhammad Hassan Ahmed e Muhammad Umar pelo seu apoio e ideias estimulantes durante este estudo. Estiveram sempre ao meu lado sempre que precisei da sua ajuda em qualquer aspeto para concluir este estudo. Gostaria de estender a minha gratidão aos meus preciosos amigos: Dr. Muhammad Ahmar Jahangir, Tahir Farooq, Ahmed Raza, Abdur Rashid khan, Muhammad Tariq Javed, Sayed Mussawir Hussain, Munawar Manzoor, Dr. Hussain Ali, Ayaz Farzand, Khalid Ali Khan Ammar Haddad, Anas Shudifat e outros colegas sinceros que me apoiaram moral e emocionalmente durante este período.

Agradeço à equipa da Unidade de Investigação em Entomologia Económica (EERU), KSU, especialmente a Mureed Hussain, Khalid Mehmood e Shehzad Salman, pela sua ajuda durante o meu estudo.

A minha humilde gratidão é reservada aos meus familiares. Fui acompanhado pelas suas orações ao longo de todo este percurso. A ternura e os sacrifícios da minha mãe e do meu pai foram sempre encorajadores para alcançar este objetivo. O seu imenso desejo de ver o meu sucesso nos estudos é o verdadeiro motivo desta conquista. Na verdade, não tenho frases adequadas para agradecer aos meus pais a sua infinita bondade ao longo da minha vida.

Agradeço aos meus irmãos que me apoiaram e incentivaram durante este estudo. Além disso, expresso os meus agradecimentos aos sobrinhos e sobrinhas que foram a grande fonte de encantamento durante este período.

Por último, mas não menos importante, estou grato a todo o pessoal e aos membros do corpo docente do Departamento de Proteção das Plantas da Universidade King Saud, por me terem dado a oportunidade de aprender muitos aspectos da ciência e da vida.

Resumo

Caracterização dos *poliovírus* associados às doenças do amarelecimento e do enrolamento da folha no pimento (*Capsicum annuum* L.) cultivado em estufa na região de Riade, na Arábia Saudita

Arábia

Recentemente, na região de Riade, observou-se que o pimentão (*Capsicum annuum*) apresentava amarelecimento interveinal, enrolamento ascendente da lâmina foliar, encurtamento dos entrenós e descoloração e redução do tamanho dos frutos. Durante as épocas de crescimento de 20142016, foram recolhidas na região de Riade um total de 336 amostras de folhas de pimento e de ervas daninhas arvenses, na sua maioria com enrolamento das folhas e amarelecimento interveinal. Os sintomas observados na planta do pimento eram muito semelhantes aos descritos na literatura para os *polerovírus* que infectam o pimento. Por conseguinte, foi utilizada a reação em cadeia da polimerase com transcriptase reversa (RT-PCR) para testar a presença do *Pepper yellow leaf curl virus* (PYLCV), do *Pepper vein yellows virus* (PeVYV), do *Beet western yellows virus* (BWYV) e do *Pepper leafroll chlorosis virus* (PeLRCV). Inicialmente, 128 amostras selecionadas de pimentão e 57 amostras de diferentes plantas infestantes foram testadas com iniciadores genéricos; PolGenUp2: 5'- GA T GA R GG T CGY TAC CG - 3' e PolGenDown2: 3' - ACC TCG ACT TTR AAR CC - 5' que amplificaram um produto de 593 pb que visa a região da polimerase do ARN dependente do ARN (RdRp) do genoma viral. À deteção genérica seguiu-se a deteção das espécies de três vírus (PYLCV, PeVYV e BWYV). O PYLCV foi testado utilizando o par de iniciadores específicos: F1- PYLCV: 5' GGA GGA AGG TCR AGC AAC AGC 3' e R2-PYLCV '5 CTA TTT GGG GTT GTG YAR TTG CAC '3 (tamanho do amplicon ~650 pb) visando a região CP do genoma. Por outro lado, a deteção do PeVYV foi efectuada utilizando iniciadores específicos: PYVV- F: 5'- CAG AAC AAG CGA GAA ATC GCTC-3' e PYVV- R: 3'-TGT GAG TTT GTT GCG GAC GACC-5' que amplificaram um produto de tamanho 240 pb a partir das regiões parciais das regiões RdRp, Cp e MP. A presença de BWYV foi testada utilizando os primers: BWYVUp : 5'- ACC CTG CTY GCG CAG C - 3' e BWYVDo : 5'- GTA TTT CCC YAG GTC GGT GCT AAC TG -3' que amplificaram as regiões parciais RdRp, CP e MP do genoma viral (tamanho do amplicon ~ 168 pb).

Os resultados de RT-PCR dos iniciadores gerais mostraram a presença de *polervírus* nas amostras testadas, o que não pôde ser confirmado quando foram utilizados iniciadores específicos. Enquanto que todas as amostras de ervas daninhas testadas foram negativas para a deteção genérica do género *polerovírus*. A presença de sintomas e a reação positiva dos iniciadores genéricos levaram a investigar a presença de *polerovírus* não identificados.

A sequenciação do produto de amplificação genérico (isolados 94C e 105D) revelou uma sequência RdRp do "grupo *Tobacco vein distorting virus* (TVDV)" que apresenta uma elevada semelhança (95-98%) com três *polerovírus*: *Tobacco vein distorting virus* (TVDV), PeVYV e PYLCV. A sequenciação adicional do produto de ~1100 pb (isolado 105D) que vai desde o RdRp até à região codificadora do CP revelou diferenças pronunciadas com todos os vírus supramencionados. As sequências parciais de aminoácidos dos genes CP e MP do isolado da Arábia Saudita apresentaram cerca de 57% e 45% de semelhança, respetivamente, com as regiões homólogas dos *polerovírus* supramencionados depositadas no GenBank.

Esta divergência levou à utilização da Sequência de Nova Geração (NGS) de três amostras selecionadas. A análise de *novo* do isolado 105D revelou a montagem do genoma semelhante ao *polerovírus*. A organização da ORF5 era totalmente divergente de outros *polerovírus* registados, o que reforçou a hipótese de novas espécies de vírus envolvidas no amarelecimento do pimento e na doença do enrolamento das folhas. O nome proposto para o polerovírus recentemente identificado é "*Pepper leafroll chlorosis virus*" (PeLRCV).

Para a deteção do PeLRCV, foram concebidos os seguintes iniciadores específicos ORF5-Up:5'-GAT AATTGCTTAGCTGAGTCTCTAG-3', e um primer complementar; ORF5-Down:5' GAAATCTAACGCCATGGTCTC-3' visando a região CP menor do genoma (amplicon~ 693 bp). Os resultados da RT-PCR confirmaram a presença do PeLRCV com uma incidência de 91%.

Ficou provado que o PeLRCV é transmitido por *A. gossypii.* Das 15 espécies de plantas hospedeiras de diferentes famílias, cinco espécies de plantas, ou seja, *C. annuum, Cucumis melo, Chenopodium amaranticolor, Datura stramonium* e *Solanum nigrum,* foram positivas para a infeção pelo PeLRCV. Foi efectuada uma RT-PCR para confirmar estes resultados. Verificou-se pela primeira vez que *C. melo* está infetado com o grupo de *polerovírus* que infecta o pimento e é também a planta hospedeira diferencial entre o PeLRCV e outros polerovírus que infectam o pimento. Com base nestes resultados, o PeLRCV é um novo membro do género *polerovírus* da família *luteoviridae*. Trata-se do primeiro estudo sobre *um polerovírus* que infecta a cultura do pimento na região central da Arábia Saudita.

1. INTRODUÇÃO

O pimentão (*Capsicum annuum* L.) é uma das culturas hortícolas de maior importância económica da família das sombras nocturnas (*Solanaceae*). Para além do seu valor no mercado de vegetais frescos, o pimentão é parte integrante de especiarias, condimentos e conservas salgadas em todo o mundo. Normalmente, está disponível nas cores verde, laranja, vermelha e amarela, sendo o pimentão verde o mais cultivado e consumido (Frank *et al.*, 2001).

Os frutos do *pimento* são cultivados principalmente para consumo como legumes frescos, extração de corantes e aromatizantes alimentares, secagem como especiaria e extração de outros compostos para usos medicinais ou industriais (Kenyon *et al.*, 2014). O pimentão é uma fonte rica em vitamina C, pró-vitamina A e carotenóides, que desempenham um papel importante na prevenção de várias doenças humanas, tais como o cancro, distúrbios neurológicos e doenças cardiovasculares (Doll, 1990; Delgado-Vargas e Paredes-Lopez, 2002, e Shetty, 2004). O conteúdo de vitamina C varia de 63 (castanho) a 243 (amarelo) (mg 100 g-1) dependendo da cor do fruto (Howard *et al.*, 1994 e Materska e Perucka, 2005).

Na região mediterrânica, são geralmente cultivadas entre o final do verão/início do outono e o final do inverno/primavera (Fernandez *et al.*, 2005). É considerado um ingrediente básico que é adicionado a várias refeições, como saladas e salteados.

As doenças virais constituem uma grande ameaça para a produção de pimentos, uma vez que foram registados pelo menos 68 vírus diferentes que infectam as plantas de pimento, resultando numa redução do rendimento (Pernezny *et al.*, 2003). *Capsicum* spp. está infetado com muitos vírus de plantas, incluindo *polerovírus* que pertencem à família *luteoviridae*, também conhecidos como *luteovirídeos*. Knierim *et al.*, em 2013, relataram as evidências de infeção por *polerovírus* na Índia, Indonésia, Mali, Filipinas, Taiwan, Tailândia, Turquia e Tunísia em culturas de pimento com sintomas típicos de amarelecimento inter-veinal e enrolamento das folhas. Sintomas semelhantes são também observados na Austrália e no Japão (Gunn e Pares, 1990, e Yonaha *et al.,* 1995). De acordo com um relatório recente, *os polerovírus* são também um risco emergente para diferentes culturas hortícolas na Arábia Saudita (Al-Saleh *et al.*, 2015 e Kamran *et al.*, 2015).

O género *polerovírus* pertence à família *luteoviridae* (grupo *dos luteovírus*). Estes vírus são geneticamente diversos, mas partilham mutuamente várias caraterísticas que os tornam claramente divergentes de outros vírus de plantas. As caraterísticas destes vírus incluem: transmissão por afídeos de uma forma persistente (circulativa e não-propagativa) que envolve interações sofisticadas entre o vírus e o afídeo vetor, restrição do floema, ausência de transmissão mecânica, um elevado grau de especificidade do vetor, relações serológicas entre a maioria dos membros da família e limitação da gama de hospedeiros e, por vezes, uma única família de plantas (Martin *et al.*, 1990 e Liu *et al.*, 2006). Os membros induzem sintomas de atrofiamento e amarelecimento ou avermelhamento das folhas e podem causar graves perdas de rendimento de culturas comercialmente importantes (Katis *et al.*, 2007).

Os viriões são isométricos, com 25-30 nm de tamanho, albergando uma molécula de ARN de cadeia simples (ss) de sentido positivo de aproximadamente 5,6-5,9 kb (Mayo e Ziegler-Graff, 1996), acompanhada por uma pequena proteína ligada ao genoma (Van der wilk *et al.*, 1997). O nome "*polerovírus*" deriva do membro tipo deste género, ou seja, o *Potato leafroll virus* (PLRV). É composto por 17 espécies, das quais 7 ainda não foram atribuídas a nenhum género (http://www.ictvonline.org/virusTaxonomy.asp?version=2015&bhcp=1).

Os vírus pertencentes ao género *polerovírus* constituem um risco emergente para a produção de pimento. A elevada especificidade da transmissão por afídeos é facilitada pelo domínio de leitura (RTD), responsável pela codificação da proteína de leitura (RTP) dos *polerovírus* (Brault *et al.*, 2005).

Este estudo centrou-se em dois vírus que infectam o pimento, ou seja, *o Pepper vein yellows virus* (PeVYV) e *o Pepper yellow leaf curl virus* (PYLCV), uma vez que os sintomas observados na cultura do pimento no campo durante o inquérito na região de Riade estavam muito provavelmente relacionados com os dois vírus acima mencionados.

O PYLCV foi relatado pela primeira vez em 2010 e consiste numa partícula de vírus isométrica, com 25 nm de tamanho e morfologia ligeiramente hexagonal sob análise electromagnética (EM) (Dombrovsky *et al.*, 2010). Os sintomas caraterísticos das plantas de pimento infectadas incluem amarelecimento inter-veinal, encurtamento dos entrenós, folhas mais pequenas e enrolamento ascendente das margens das folhas. Os frutos das plantas de pimento doentes são malformados e descolorados, o que resulta numa redução do valor comercial. As folhas infectadas são facilmente destacáveis. Uma infeção grave provoca o atrofiamento da planta (Dombrovsky *et al.*, 2010).

O PYLCV é transmitido eficientemente por *Myzus persicae* (Sulzer) e *Aphis gossypii* (Glover) em modo persistente (circulativo e não-propagativo). A RTP está associada à transmissão por afídeos ou à estabilidade dos viriões. Também pode ser transmitido por enxertia (Dombrovsky *et al.*, 2010). As partículas virais purificadas apresentam uma reação cruzada forte no ensaio de imunoabsorção enzimática em sanduíche de anticorpos duplos (DAS-ELISA) com anti-soros contra o PLRV e *o Cucurbit aphid-borne yellows virus* (CABYV), membros dos *polerovírus* (Dombrovsky *et al.*, 2010). O PYLCV pode causar uma infeção grave na cultura do pimento. A elevada incidência da doença pode causar a perda total da cultura (Dombrovsky *et al.*, 2013).

O outro vírus emergente que infecta o pimento é o *Pepper vein Yellows Virus* (PeVYV), que constitui também um importante obstáculo à produção de pimento. Pertence ao mesmo género, ou seja, *polerovírus*. Foi registado pela primeira vez no Japão (Yonaha *et al*., 1995). O genoma do PeVYV era constituído por 6244 nts e tinha uma organização genómica caraterística dos membros do género *polerovírus*. A estrutura de leitura aberta 0 (ORF0) e a ORF4 do PYLCV partilham 85% e 86% de identidade da sequência de aminoácidos com o PeVYV, indicando 14-15% de diferença, respetivamente, apoiando a identificação do PeVYV como uma espécie distinta no género *polerovírus* (Dombrovsky *et al*., 2013).

O PeVYV tem uma gama de hospedeiros mais restrita do que o PYLCV, sendo que o primeiro não pode infetar *D. stramonium* e *P. hybrida*, enquanto o segundo pode infetar estas duas espécies hospedeiras na natureza (Dombrovsky *et al*., 2013). O amarelecimento inter-veinal é o sintoma mais caraterístico, outros sintomas incluem: encurtamento do entrenó e enrolamento ascendente das folhas, que aparecem principalmente na parte superior das plantas infectadas. O amadurecimento anormal dos frutos também é observado em plantas sintomáticas (Villanueva *et al*., 2013). O PeVYV replica-se nos tecidos do floema, pode ser transmitido por enxertia e por *A. gossypii*, de forma persistente (Yonaha *et al*., 1995).

A agricultura em estufa evoluiu como um sector favorável e promissor na Arábia Saudita devido ao seu potencial, produtividade e eficiência na utilização da água. Uma vez que a produção de pimentão como cultura hortícola é uma prática importante na Arábia Saudita, é muito importante determinar as suas pragas, doenças e possíveis medidas de controlo. Os vírus objeto deste estudo não foram observados anteriormente na Arábia Saudita e o estudo inicial de Al-Saleh *et al*., (2015) na região de Riade, mostrou a presença do CABYV na doença do amarelecimento das cucurbitáceas. Além disso, foram observadas plantas de pimento (*Capsicum* sp.) que apresentavam sintomas graves semelhantes aos do *polerovírus*, ou seja, amarelecimento interveinal, enrolamento das folhas e atrofiamento no início de 2014 em estufas da região de Riade. Os vírus conhecidos por estarem associados a este tipo de sintomas são referidos como: PYLCV e PeVYV (Yonaha *et al*., 1995 e Dombrovsky *et al*., 2010). Assim, foi efectuado um estudo para diagnosticar e caraterizar estes agentes casuais esperados na região de Riade.

1.1 Objectivos

Desde então, não existem relatos sobre o género *polerovírus* que infecta o pimentão na Arábia Saudita. Por conseguinte, este estudo foi realizado com os seguintes objectivos

1. Inquérito para recolher amostras de plantas de pimento infectadas, com sintomas *semelhantes aos do Polerovírus,* na região de Riade.

2. Utilização de métodos biológicos e moleculares para caraterizar estes *polerovírus.*

3. Sequenciação e análise filogenética dos isolados destes vírus identificados da Arábia Saudita e comparação com outros isolados registados a nível mundial.

4. Estudo da gama de hospedeiros de uma tentativa de novo *polerovírus*; *Pepper leafroll chlorosis virus* (PeLRCV).

2. REVISÃO DA LITERATURA

2.1 *Capsicum annuum* L.

Os pimentos (*Capsicum* spp., família: *solanaceae*) de ambos os tipos, pungentes (malagueta) e não pungentes (pimentão), estão a adquirir cada vez mais procura no mercado como especiaria e como culturas hortícolas frescas em todo o mundo (Gniffke *et al.*, 2013). O género *Capsicum* é nativo das Américas Central e do Sul tropicais (Greenleaf, 1986; Ibiza *et al.*, 2012; Janick, 1986, e McLeod *et al.*, 1982), compreendendo 27 espécies, das quais apenas cinco são cultivadas (Ibiza *et al.*, 2012). Entre estas, a *C. annuum*, com diversidade de procura do consumidor no mercado como frutos pungentes e não pungentes, é o membro mais amplamente cultivado em todo o mundo (Kenyon *et al.*, 2014). Na Arábia Saudita, é um dos legumes mais importantes no consumo diário de alimentos e tem uma contribuição significativa entre os principais legumes de estufa consumidos comercialmente (Patil *et al.*, 2014).

A cor do pimento desempenha um papel importante na procura do cliente e na tendência de compra. Para além da cor, foram referidos outros componentes nutricionais de pimentos de cores diferentes, por exemplo, o teor de vitamina C (Simonne *et al.*, 1997 e Frank *et al.*, 2001). O rico teor de vitamina C nos pimentos mistura-se com os carotenóides, ou antioxidantes. Para além da quarta maior fonte de vitamina C, os pimentos são fontes ricas de vitamina A, provitamina A e carotenóides que podem prevenir várias doenças, como as doenças cardiovasculares, o cancro e as perturbações neurológicas (Doll, 1990; Delgado-Vargas e Paredes-López, 2002; Shetty, 2004 e Materska e Perucka, 2005).

Capsicum spp. é cultivado em todo o mundo como cultura em campo aberto, bem como em estufas (em zonas de clima quente). A Ásia lidera a produção com 64,1% do total, seguida pelos EUA = 13,4%, Europa = 12,3%, África = 9,9% e Oceânia = 0,2%. A China produz anualmente 10,8 milhões de toneladas (Mt) no mercado de produtos frescos, sendo o maior produtor mundial, seguida pelo México: 1,7 Mt, Turquia: 1,61 Mt, Indonésia: 1,1 Mt e Espanha: 0,95 Mt (http://fao.org/). Na Arábia Saudita, *o Capsicum* spp. é cultivado principalmente em estufas, uma parte dos legumes frescos com uma produção anual de 0,51 Mt (Ministério da Agricultura, 2014).

2.2 Principais vírus que infectam *C. annuum*

As viroses são um dos principais entraves à produção da cultura do pimento. Existem muitos vírus de plantas que infectam o pimento, tendo o seu número e ocorrência aumentado significativamente nos últimos 30 anos, especialmente nas regiões tropicais e subtropicais de produção de pimento (Kenyon *et al.*, 2014). As doenças causadas por vírus reduzem anualmente o rendimento e a qualidade de todos os tipos de pimento (Alonso *et al.*, 1991). Isto deve-se talvez a uma combinação de factores, incluindo o aumento do volume e da velocidade do comércio global de produtos frescos (incluindo pimentos) que transportam vírus e/ou vectores para novos locais. A expansão e intensificação do cultivo do pimento nestas áreas e, possivelmente, as alterações climáticas que expandem a área geográfica adequada para os vírus e os seus vectores naturais (Kenyon *et al.*, 2014).

Na bacia mediterrânica, os vírus mais frequentes do pimento são vírus não persistentes transmitidos por afídeos, por exemplo, *Potato virus Y* (PVY), *Tobacco etch virus* (TEV), Pepper *veinal mottle virus* (PepVMV), *Cucumber mosaic virus* (CMV) e *Tomato spotted wilt virus* (TSWV) transmitido por tripes (Moury e Verdin, 2012). Na Arábia Saudita, o pimentão está infetado com o *vírus do mosaico da alfafa* (AMV) (Al-Shahwan *et al.*, 2007 e Al-Abrahim, 2014). Além disso, também se verificou que os sintomas semelhantes aos do *polerovírus* são observados em culturas de pimento na Arábia Saudita (Kamran *et al.*, 2015). Entre os *polerovírus* que infectam o pimento, o PYLCV causa doenças preocupantes em culturas de pimento na Palestina ocupada desde 1998 (Dombrovsky *et al.*, 2010), juntamente com o PeVYV, que se propaga a grandes distâncias e constitui uma ameaça emergente nesta zona (Knierim *et al.*, 2013), juntamente com o *Pepper yellows virus* (PYV) e *o Tobacco vein distorting virus* (TVDV). Estes quatro vírus estão estreitamente relacionados em termos de sintomas, bem como na montagem do genoma.

2.3 Transmissão por insectos

Para sobreviverem, os vírus das plantas têm de passar das plantas infectadas para as plantas sãs, devido à sua natureza obrigatória. Isto é possível quer por meios mecânicos quer, no caso de um grande número de vírus de plantas, pela exploração de vectores vivos, como artrópodes, fungos e nemátodos. Entre estes, os insectos que se alimentam de seiva são vectores particularmente importantes, transmitindo mais de 380 vírus de plantas (Nault, 1997) e o número de vírus de plantas transmitidos por insectos vectores está a aumentar rapidamente todos os anos (http://www.ictvonline.org/virusTaxonomy.asp?version=2015&bhcp=1). A maior parte dos vírus vegetais descritos são transmitidos por insectos da família dos hemipteróides, ou seja, moscas brancas, afídeos, fungos, cigarrinhas e tripes. A passagem destes vírus vegetais no seu inseto vetor faz-se através do lúmen do intestino para a hemolinfa (ou outros tecidos) e, finalmente, para as glândulas salivares, de onde estes vírus são injectados de novo na planta hospedeira durante a alimentação do inseto (Hogenhout *et al.*, 2008).

2.3.1Modos de transmissão dos insectos

Existem três modos de transmissão de vírus de plantas por insectos, ou seja, transmissão não persistente, semi-persistente e persistente (persistente-circulativa e persistente propagativa) (Watson e Robert, 1939; Kennedy *et al.*, 1962; Sylvester, 1980 Gingery, 1988; Nault e Ammar E-D, 1989; Nault, 1997, e Hogenhout *et al.*, 2008).

2.4 *Luteoviridae*

A família *luteoviridae* é constituída por três géneros: *luteovírus*, *polerovírus* e *enamovírus* (D'Arcy e Domier, 2005). Os membros têm genomas de RNA lineares, de sentido positivo, de 5,7-6 kb e são exclusivamente transmitidos por afídeos de forma circulativa persistente, com exceção do *Pea enation mosaic virus 1* (PEMV1) (o único membro do género *enamovirus*), que pode ser transmitido mecanicamente em infeção mista com *umbravírus*, *Pea enation mosaic virus 1I* (PEMV2) (Liu *et al.*, 2010). O conjunto do genoma dos *luteovirídeos* é constituído por cinco ou seis quadros de leitura abertos (ORF) principais, indexados como ORF0 a ORF5. Alguns *luteovirídeos*, com exceção, possuem uma ou duas ORFs adicionais (Ashoub *et al.*, 1998 e Miller *et al.*, 1995). As proteínas associadas à replicação, codificadas pela ORF1 e pela ORF2 dos membros do género *luteovírus*, estão filogeneticamente relacionadas com os membros da família *tombusviridae*, enquanto as proteínas de replicação dos membros do género *polerovírus* e *enamovírus* são muito semelhantes às dos vírus do género *sobemovírus*. Estas variações na organização genómica são consideradas como critérios importantes para a atribuição de espécies de vírus individuais aos géneros da família *luteoviridae* (D'Arcy e Domier, 2005).

Outra caraterística importante dos *luteovirídeos* é a presença de duas proteínas estruturais; a proteína de revestimento (CP) e uma proteína de "leitura", que é uma fusão dos produtos da CP e da ORF5 adjacente (Brault *et al.*, 2005). Os genes cruciais que se conservam em todos os *luteovirídeos* são a principal proteína de revestimento (CP) e o domínio de leitura (RTD) que é gerado pelo processo de leitura translacional do códão de paragem do quadro de leitura aberta (ORF) da CP (Brault *et al.*, 1995; Brown *et al.*, 1996) e que fornecem a estrutura do virião e as propriedades de transmissão do afídeo, respetivamente, e também desempenham um papel no movimento do vírus e na especificidade dos tecidos dentro da planta hospedeira (Brault *et al.*, 1995; Chay *et al.*, 1996;

Van Den Heuvel *et al.*, 1997; Peter *et al.*, 2009). A ORF 4 também é conservada em todos os membros da família *luteoviridae*, exceto no PEMV1. O produto da ORF 4 (P4) codifica uma proteína de movimento célula-a-célula (Chay *et al.*, 1996; Schmitz *et* al., 1997), que pode determinar a propriedade de limitação do floema dos *luteovirídeos*, exceto o PEMV1 (Liu *et al.*, 2010). Esta região do genoma que codifica a CP-RTD e a P4 (MP) é a única parte do genoma conservada em todos os *luteovirídeos*, exceto no PEMV1, e é referida como o "bloco *luteoviridae*" (Miller et al., 2002).

2.4.1 *Polerovírus*

Os membros do género *polerovírus* têm um genoma de ARN de cadeia simples, linear e de sentido positivo de cerca de 5,7 kb com seis quadros de leitura abertos (ORF) (D'Arcy & Domier, 2005). Uma região intergénica não codificante (IR) com cerca de 200 nucleótidos (nt) de comprimento separa as ORFs 3'-proximais (3-5) das ORFs 5'-proximais (0-2) (Mayo e Miller, 1999; D'Arcy e Domier, 2005). Este género inclui 17 espécies, das quais 7 espécies ainda não foram atribuídas (tentativa) (http://www.ictvonline.org/virustaxonomy.asp). Os viriões são isométricos com 25-30 nm de tamanho e estão limitados ao floema, resultando em baixas concentrações em extractos/siva bruta de plantas infectadas.

A natureza limitada do floema também sugere que *os polerovírus* só podem ser transmitidos da planta infetada para a planta sã pelo seu vetor natural, ou seja, o afídeo. Para além da transmissão por vetor, *os polerovírus* podem ser transmitidos com êxito por inoculação *mediada por Agrobacterium tumefaciens*, através da preparação de clones infecciosos do vírus (Leiser *et al.*, 1992) e da enxertia (Barker e Harrison, 1985).

Os polerovírus são transmitidos pelos afídeos de uma forma circulativa persistente (não propagativa) (Gildow, 1999; Gray e Gildow, 2003 e King *et al.*, 2012), ou seja, o vírus tem de completar um percurso circular no seu vetor para poder replicar-se novamente na planta hospedeira (Garret *et al.*, 1996). Desta forma, os viriões adquiridos pelo vetor durante a alimentação a partir dos tubos de peneira da planta infetada são transportados através do epitélio intestinal e depois libertados na hemolinfa, onde estes viriões interagem com a simbionina (proteína de origem endossimbionte), que mais tarde protege as partículas de vírus do sistema imunitário e/ou modifica as propriedades estruturais dos viriões (Van Den Heuvel, 1999). A transmissão por afídeos envolve provavelmente a proteína da capa (CP), a proteína de movimento putativa (MP) e a proteína de fusão P3-P5 (Mayo e Miller, 1999; D'Arcy e Domier, 2005a). O capsídeo é constituído por duas proteínas de revestimento (CP); a CP principal de 22 kDa e uma proteína de leitura menor (RT) de 76 kDa. A extremidade amino da proteína RT contém a sequência de aminoácidos da proteína de revestimento principal de 22 kDa, enquanto o terminal C contém um domínio de leitura (RTD) de 54 kDa que sobressai do exterior dos viriões (Hogenhout *et al.*, 2008). O RTD determina a capacidade de as partículas virais invadirem especificamente o intestino médio ou ambos (Brault *et al.*, 2005). As partículas de vírus na hemolinfa podem ser adquiridas pelas células epiteliais da glândula salivar acessória (ASG), das quais são libertadas durante o período de alimentação (Brault *et al.*, 2005).

A incapacidade destes vírus de serem transmitidos mecanicamente tem sido um grande obstáculo à compreensão das funções genéticas dos *polerovírus*. Uma vez que são geralmente limitados pelo floema e não podem ser transmitidos por inoculação mecânica (Mayo e d'Arcy, 1999 e Mayo *et al.*, 2000), a construção de clones infecciosos de cDNA completo de genomas virais é importante para estudos de genética inversa (Zhang *et al.*, 2014).

Foram concebidos clones infecciosos de cDNA de comprimento total para vários vírus de plantas, incluindo o *polerovírus*. Sob o controlo do promotor da RNA polimerase do bacteriófago T7, foram construídos com êxito clones de cDNA do *Turnip yellows virus* (TuYV), CABYV, *Beet mild yellowing virus* (BMYV) e PLRV (Klein *et al.*, 2014; Prüfer *et al.*, 1995; Stevens e Vigano, 2007, e Veidt *et al*, 1992), e sob o controlo do promotor 35S do *vírus do mosaico da couve-flor* (CaMV) através da inoculação mediada por agrobactérias, RNAs transcritos *in vivo* derivados de clones infecciosos de cDNA de comprimento total de BMYV, PLRV, CABYV, TuYV, *Cereal yellow dwarf virus* (CYDV) e *Cotton leafroll dwarf virus* (CLRDV), transformados com sucesso nas plantas para estudos posteriores e.g. propriedades biológicas, patogenicidade, replicação do vírus, funções do gene e interações vírus-hospedeiro-vetor (Delfosse *et al*, 2013; Klein *et al.*, 2014; Lee *et al.*, 2005; Leiser *et al.*, 1992; Prüfer *et al.*, 1995; Stephan e Maiss, 2006, e Yoon *et al.*, 2011).

Os poliovírus entram principalmente nas células epiteliais do intestino do vetor por endocitose e saem destas células por exocitose para entrar no hemocelo (Garret *et al.*, 1993, e Gray e Gildow, 2003). As partículas virais podem mover-se rapidamente através da camada de células intestinais, ou seja, após 4 h de aquisição, são observadas no interior destas células e podem entrar no hemocelo após 8 h de aquisição (Garret *et al.*, 1996). Depois de serem adquiridas pelo vetor afídeo, as partículas de vírus acumulam-se rapidamente nas células epiteliais e diminuem rapidamente após o segundo dia da remoção do vetor da fonte do vírus (Garret *et al.*, 1996).

Ao longo da passagem circulatória através do pulgão vetor, o vírus depara-se com duas barreiras membranares, ou seja, a glândula salivar acessória e o intestino (van den Heuvel *et al.*, 1997 e Filichkin *et al.*, 1997). Esta transmissão é influenciada por vários factores, incluindo as condições ambientais, a planta hospedeira, o afídeo vetor e as configurações da superfície do virião (Gray e Gildow, 2003). Após a aquisição de um vírus pelo afídeo vetor, a transmissão do vírus a outras plantas depende principalmente das interações moleculares entre as partículas do vírus e o vetor. Estas interações determinam a eficiência da transmissão ou mesmo se o vírus será transmitido ou não (Liu *et al.*, 2006). Além disso, as mutações no capsídeo viral podem também desnaturar as partículas virais, resultando na degradação dos viriões no intestino ou no hemocelo. A transmissão do vírus pode também ser obstruída por uma falha na libertação do vírus da glândula salivar acessória (Power e Gray, 1995; Gildow e Gray, 1993).

A incapacidade de os viriões de alguns *polerovírus* penetrarem na lâmina basal extracelular que rodeia as glândulas salivares acessórias de espécies de afídeos não vectoras apoia a ideia de que a lâmina basal pode ter uma função selectiva para regular a transmissão de *polerovírus* específica do vetor (Gildow e Gray, 1993). Além disso, a fase (glândula salivar acessória, intestino ou hemocele) em que a transmissão é bloqueada determinará qual o isolado de vírus presente na seiva sugadora (Liu *et al.*, 2006). A elevada especificidade da transmissão por afídeos é mediada pela proteína de leitura dos *polerovírus*; além disso, a metade N-terminal (conservada) do domínio de leitura (RTD) pode ser o local do determinante primário da especificidade do vetor para todos os membros dos *luteovirídeos* (Brault *et al.*, 2005). Os surtos notificados de doenças do pimento causadas por *polerovírus* em diversas regiões climáticas revelam que o aparecimento de *polerovírus* que infectam o pimento coincide com o aumento dramático da dimensão dos mercados de pimento e requer uma atenção especial (Knierim *et al.*, 2013 e Villanueva *et al.*, 2013)

2.4.1.1 *Vírus do amarelo da veia do pimento* (PeVYV)

O PeVYV pertence ao género *polerovirus* e foi identificado pela primeira vez como o agente causal da doença do amarelecimento das nervuras do pimento em Okinawa, Japão (Yonaha *et al.*, 1995). Os sintomas são claramente diferentes de outros vírus de plantas que infectam o pimento, ou seja, CMV, TMV, *Broad bean wilt virus* (BBWV), PVY, *Chrysanthemum mild mottle virus* (CMMV) e TSWV (Yonaha *et al.*, 1995). Os sintomas caraterísticos incluem amarelecimento interveinal, encurtamento do entrenó e enrolamento ascendente das folhas, principalmente na parte superior da planta infetada. O amadurecimento anormal dos frutos também é observado em plantas sintomáticas (Villanueva *et al.*, 2013).

Uma preparação parcialmente purificada (corada com PTA a 2%) de seiva bruta, observada ao microscópio eletrónico (ME), mostra partículas esféricas semelhantes a vírus (VLPs) com cerca de 25 nm de diâmetro. Estas VLPs encontram-se principalmente nas células companheiras do tecido do floema (contendo citoplasma granular) da planta infetada, causando a degeneração de outros organelos celulares (Yonaha *et al.*,1995).

O genoma completo compreende 6244 nucleótidos (nt) e tem uma organização genómica caraterística dos *polerovírus* (Murakami *et al.*, 2011). O genoma de ssRNA do PeVYV contém seis principais quadros de leitura aberta (ORFs) caraterísticos, que se assemelham maioritariamente aos dos *polerovírus* em termos de organização e sequência. A ORF0, codificada pelo nt 52-801, contém uma sequência de consentimento de caixa F (Kozlowska-Makulska *et al.*, 2010). A ORF1 tem um desenho de serina protease no nt 893-1270, e a sequência N-terminal de uma proteína ligada ao genoma (Mo *et al.*, 2010). A ORF2, codificada pelo nt 1621-3432, é uma RNA polimerase dependente de RNA (RdRp), traduzida através de um frameshift -1 no nt 1654-1660; a ORF3, codifica a proteína do revestimento (CP); A ORF4, nt 3663-4133, codifica a proteína do movimento (MP) e a ORF5, codificada pelo nt 4253-5842, é um domínio de leitura (RTD) da ORF3 e tem uma junção de prolina no nt 4253-4339 (Guilley *et al.*, 1994). O PeVYV tem uma região intergénica não codificante (INCR) de 199 nt entre a ORF2 e a ORF3, tal como outros *polerovírus* (Murakami *et al.*, 2011). A análise das sequências RdRp e CP determina que o PeVYV está estreitamente relacionado com o *Tobacco vein distorting virus* (TVDV), ou seja, as caraterísticas da sequência de aminoácidos para as ORFs 0-3 revelam que o parente mais próximo do PeVYV é o TVDV; 75,9-91,9% (Murakami *et* al., 2011).

Estudos mais recentes mostraram a ocorrência de PeVYV com diversos sintomas de amarelecimento em plantas de pimento de: Índia, Indonésia, Mali, Filipinas, Tailândia, Taiwan e Espanha (Knierim *et al.*, 2013 e Villanueva *et al.*, 2013). Além disso, também se observam plantas de pimento com sintomas caraterísticos *semelhantes aos do polerovírus* na KSA (Kamran *et al.*, 2015). Estas evidências reflectem a ampla disseminação do PeVYV, representando uma nova ameaça para a cultura do pimento a nível mundial. Embora a gama de hospedeiros se restrinja principalmente a *Capsicum* spp. juntamente com *Solanum nigrum* (Yonaha *et al.*, 1995).

O PeVYV não é transmitido mecanicamente nem por sementes. O vírus é transmitido mais eficientemente por *A. gossypii* do que por *M. persicae* (vetor primário do PYLCV) com uma gama limitada de hospedeiros. No entanto, pode ser transmitido através da propagação vegetativa, ou seja, por enxertia (Yonaha *et al.*, 1995).

2.4.1.2 *Pepper yellow leaf curl virus* (PYLCV)

Entre os *polerovírus*, uma nova espécie, PYLCV, foi relatada pela primeira vez no Médio Oriente, causando uma doença devastadora na cultura do pimento (*C. annuum*), resultando em graves prejuízos para a economia (Dombrovsky *et al.*, 2010 e Dombrovsky *et al.*, 2013). A incidência da doença estava presente tanto em campos abertos como em estufas. Os sintomas das plantas doentes foram descritos como: encurtamento dos entrenós, enrolamento ascendente ou lâmina foliar, amarelecimento interveinal, atrofiamento com frutos malformados. A partir de 1998, a doença propagou-se à Jordânia e a outros países vizinhos (Dombrovsky *et al.*, 2010).

O exame por microscopia eletrónica (ME) mostra partículas de vírus isométricas, com 25-27 nm de tamanho e morfologia ligeiramente icosaédrica. O PYLCV é transmitido por enxertia e de forma persistente por dois vectores afídeos, *A. gossypii* e *M. persicae* (Antignus *et al.*, 2001; Antignus *et al.*, 2003 e Dombrovsky *et al.*, 2010).

Existem algumas evidências na Turquia e Tunísia (Buzkan *et al.*, 2012), Índia, Indonésia, Mali, Filipinas, Taiwan e Tailândia (Knierim *et al.*, 2013) e, mais recentemente, na Arábia Saudita (Kamran *et al.*, 2015) que revelam culturas de pimento com sintomas semelhantes aos encontrados em culturas de pimento infectadas com PYLCV (Dombrovsky *et al.*, 2013).

A gama de hospedeiros do PYLCV inclui: *C. annuum, C. amaranticolor, C. pepo, D. stramonium, Gomphrena globosa, N. benthamiana, P. hybrida, Physalis floridana* (Dombrovsky *et al.*, 2010). O genoma completo do PYLCV consiste em 6.028 nucleotídeos (nts) e tem uma montagem caraterística do genoma do *polerovírus*, ou seja, seis quadros de leitura abertos (ORFs). A ORF0 traduz a proteína 0 (P0), que tem uma massa molecular esperada de 28,14 kDa, a ORF1 codifica a proteína 1 (P1), de 72,12 kDa, a ORF2 codifica a proteína 2 (P2), de 65,58 kDa, a suposta RdRp, a ORF3 codifica a CP

(22,51 kDa) sobrepondo-se à ORF4, que codifica a MP. A ORF5 tem um RTD que codifica uma proteína de fusão (77,94 kDa), que é de facto produto tanto da ORF3 (CP) como da ORF5 adjacente (Dombrovsky *et al.*, 2013). Propõe-se que a proteína de fusão participe no movimento do vírus na planta hospedeira infetada (Chay *et al.*, 1996 e Mutterer *et al.*, 1999). O PYLCV pode causar danos muito elevados à produção de pimento em todo o mundo; no entanto, os tratamentos insecticidas anti-afídeos são considerados muito eficazes na prevenção da propagação do vírus através do controlo dos pulgões vectores (Dombrovsky *et al.*, 2010).

2.5 Métodos de deteção

2.5.1Gama de anfitriões

Yonaha *et al.*, (1995), referiram que o PeVYV não é transmissível por meios mecânicos e testaram as seguintes espécies de plantas para determinar a gama de hospedeiros utilizando o inseto vetor virulífero, ou seja, *Aphis gossypii* (colhido em pimentos): *N. glutinosa, N. banthamiana, V. fava, S. melongena, Vigna anguiculata, C. melo, Hordeum vulgaris, Physalis floridana, Triticum aestivum, Zea mays, Gossypium barbadense* e *C. annuum* (hospedeiro de propagação). O pulgão vetor não sobreviveu nas primeiras cinco plantas e as restantes plantas não produziram sintomas, exceto o pimentão (que apresentou resultados negativos na inoculação posterior). Recentemente, *S. nigrum* (planta de sombra nocturna negra) foi relatada como novo hospedeiro deste vírus por Knierm *et al.*, 2013, testado por RT-PCR utilizando o par de iniciadores gerais *de polerovírus*; Pol-G-F e Pol-G-R.

Dombrovsky *et al.*, (2010), descreveram pela primeira vez a gama de hospedeiros laboratoriais do PYLCV infestando as plantas saudáveis com o pulgão virulífero vetor; *M. persicae* selecionando plantas de cinco famílias: *Solanaceae, Chenopodiaceae, Cucurbitaceae, Apocynaceae* e *Verbenaceae*. A infeção por PYLCV foi testada por ensaios de imunoabsorção enzimática (ELISA) e riboprobes (CP de PLRV e PYLCV), indicando as seguintes espécies de plantas como hospedeiras: *C. annuum*, (hospedeiro propagativo) *C. amaranticolor, C. pepo, D. stramonium, G. glubosa, N. banthamiana, N. clevelandii, P. hybrida* e *P. floridana*.

2.5.2Deteção serológica

O PeVYV parcialmente purificado não reagiu com anticorpos de três membros da família *lutoviridae*: *Barley yellow dwarf virus* (BYDV), *Beet western yellows virus* (BWYV) e PLRV em ELISA (Yonaha *et al.*, 1995). Nos testes de dupla difusão em gel de ágar, o PeVYV reagiu com o antissoro homólogo e não reagiu com o antissoro heterólogo do PLRV e do *Tobacco necrotic dwarf virus* (TNDV) (Yonaha *et al.*, 1995).

O PYLCV purificado reagiu com anti-soros específicos de: PLRV, CABYV e BWYV por ELISA indireto. No entanto, no DAS-ELISA, o PYLCV só reage com o antissoro do CABYV, o que mostra a estreita relação entre estes dois vírus (Dombrovsky *et al.*, 2010).

2.5.3Deteção molecular

Knierim *et al.,* (2013) detectaram o PeVYV por Reação em cadeia da polimerase com transcriptase reversa (RT-PCR) utilizando um par de primers gerais: Pol-G-F e Pol-G-R (Knierim *et al.*, 2013) para a deteção de *polerovírus*, amplificando a região parcial de RdRp e da proteína do revestimento (CP) (tamanho do produto: 1,1 kb). Esta deteção foi ainda especificada através da amplificação de uma região maior, ou seja, RdRp parcial e CP completa (tamanho do produto: 1,4 kb), utilizando o par de primers: Pocon-F e Pocon-R (Knierim *et al.*, 2013).

Dombrovsky *et al.*, (2010) conceberam um par de primers degenerados: F1-PYLCV e R2-PYLCV (tamanho do amplicon ~650 pb) utilizando a sequência de aminoácidos obtida através de cromatografia líquida-espetrometria de massa (LC-MS) (Pitt *et al.*, 2009), seguido de amplificação por RT-PCR, os produtos de PCR foram clonados no vetor pGEM-T-easy (Promega) para sequenciação (Dombrovsky *et al.*, 2010).

Ensaios de hibridação dot-blot utilizados para avaliar as identidades genómicas entre o PYLCV e o PLRV. As partículas desnaturadas e purificadas de PYLCV reagiram fortemente na hibridação dot blot com ribossondas marcadas radioactivamente, sintetizadas a partir do gene CP clonado do PLRV (Dombrovsky *et al.*, 2010).

3. MEDICAMENTOS MATEIRAIS E MÉTODOS

2.6 Levantamento de campo e manutenção da fonte de vírus

Durante três anos consecutivos, 2014, 2015 e 2016, foi efectuado um inquérito à cultura do pimentão cultivado em estufas na região de Riade para recolher amostras de folhas com sintomas semelhantes aos do *polerovírus*. Foi recolhido um total de 336 amostras de folhas de diferentes locais (Al- Aflaj, Al- Huta, Sajir, Shaqra e Wadi Nisah) (quadro 1). Foram colhidas amostras sintomáticas (amarelecimento inter-veinal e enrolamento das folhas) (Fig. 1) e assintomáticas de plantas de pimentão (220), bem como de ervas daninhas arvenses (116) dentro das estufas e também da periferia (para verificar o reservatório do vírus durante a época baixa). A primeira visita de campo foi efectuada em março de 2014; foram visitadas duas explorações agrícolas e recolhidas 47 amostras de folhas sintomáticas de 14 estufas.

A segunda visita de campo foi realizada em abril de 2014 e foram recolhidas 18 amostras de folhas de pimentão de três estufas. A terceira visita de campo foi realizada em dezembro de 2014 e foram coletadas 15 amostras de folhas de pimentão de três fazendas diferentes. A quarta visita de campo foi realizada em fevereiro de 2015 e foram visitadas três fazendas onde foram coletadas 75 amostras de pimentão e 29 amostras de diferentes ervas daninhas arvenses. A quinta visita de campo foi realizada em maio de 2015, tendo sido visitadas cinco explorações agrícolas onde foram recolhidas 68 amostras de ervas daninhas arvenses, incluindo amostras de folhas sintomáticas e assintomáticas, e 45 amostras de folhas de pimento. A sexta visita de campo foi realizada em janeiro de 2016 e foram recolhidas 20 amostras de folhas de pimento sintomáticas, para além de 19 amostras de infestantes arvenses.

Tabela 1. Número de amostras colhidas em diferentes locais durante os três anos de inquérito de campo

Ano	Localização	Testado amostras	Amostras positivas			Amostras negativas	Total de amostras recolhidas
			Genéricos	Grupo específico	PeLRCV		
2014	Wadi Nisah	16	13	13	13	03	19
	Shaqra	14	0	0	0	14	18
	Sajir	10	0	0	0	10	15
	Al- Huta	08	06	06	06	02	13
	Al- Aflaj	10	0	0	0	10	15
2015	Wadi Nisah	65	28	28	28	37	150
	Al- Huta	35	20	20	20	15	67

2016	Wadi Nisah	18	14	14	14	04	25
	Al- Huta	08	06	06	06	02	14
Total		**184**	87	87	87	97	336

Todas as amostras (incluindo as sintomáticas e assintomáticas) foram colocadas em sacos de plástico para evitar, tanto quanto possível, a contaminação e a desidratação, e depois foram levadas para o laboratório de virologia vegetal no Departamento de Proteção Vegetal da Faculdade de Ciências Alimentares e Agrícolas. Os dados da pesquisa de campo foram registados como: localização, exploração agrícola, sintomas e planta hospedeira, juntamente com a sua localização durante ou após a conclusão das visitas de campo. Todas as ervas daninhas recolhidas foram identificadas pelo Dr. Jacob Thomas Pandalayil, Departamento de Botânica e Microbiologia, Faculdade de Ciências, Universidade King Saud.

Todas as amostras de plantas foram preservadas e secas em cloreto de cálcio anidro de granulação fina ($CaCl_2$) (Walkey, 1991). As amostras foram também envolvidas em sacos de plástico e armazenadas a (4°C) no frigorífico para um armazenamento a curto prazo, bem como a (-80° C) em congelador para um armazenamento a longo prazo. Ao mesmo tempo, foi retirado um pequeno tecido de cada amostra para um tubo eppendorf de 1,5 ml para experiências a jusante, tais como extração de ARN, RT-PCR e hibridação dot-blot.

As plantas de pimento (*C. annuum*. cv. sonar) que apresentavam sintomas de enrolamento das folhas e de amarelecimento inter-veinal (Fig. 1), confirmados por RT-PCR, serviram de fonte de vírus neste estudo. As amostras selecionadas foram testadas com primers específicos dirigidos ao PYLCV, PeVYV, BWYV e PeLRCV. A planta infetada apenas com PeLRCV foi utilizada como fonte de vírus puro para a experiência de gama de hospedeiros. A fonte de vírus foi mantida em estufa. *O A. gosyppii* não virulífero foi criado em plantas de melancia a fim de as utilizar na gama de hospedeiros.

Figura 1. Sintomas semelhantes aos do *polerovírus* observados no pimentão durante diferentes inquéritos de campo

2.7 Identificação de vírus

2.7.1 Identificação molecular

2.7.1.1 Isolamento do ARN total

O ARN total foi extraído das amostras selecionadas aleatoriamente de pimentão e de ervas daninhas arvenses utilizando o kit de isolamento de ARN total (Jena Bioscience, Lobstedter Str. 71, 07749 Jena, Alemanha), de acordo com o manual do fabricante, como se segue:

A. Lise ou trituração de tecidos vegetais

O tampão de lise (300 µl) foi adicionado a cada amostra de 50 mg de folhas infectadas num tubo eppendorf de 1,5 ml e triturado com um pilão manual. Em seguida, foram adicionados 200 µl de tampão de lise para homogeneizar os tecidos vegetais. Os tubos Appendorf foram então agitados em vórtex durante 15 - 30 segundos, seguidos de centrifugação a 12.000 rpm durante 10 minutos. O sobrenadante foi transferido para os novos tubos de microcentrifugação já rotulados.

B. Ativação da coluna

A coluna de centrifugação foi colocada num tubo de recolha de 2 ml. A ativação da coluna de centrifugação foi feita adicionando 100 µl de tampão de ativação. A coluna foi centrifugada a 12 000 rpm durante 30 segundos.

C. Carga da coluna

Adicionou-se isopropanol (300 µl) ao lisado preparado e agitou-se em vórtice. A mistura foi transferida para a coluna de centrifugação. A centrifugação foi efectuada a 12.000 rpm durante 30 segundos. O fluxo foi eliminado.

D. Lavagens primárias e secundárias

O tampão de lavagem primário (700 µl; adição de etanol a 95%) foi adicionado à coluna de centrifugação e centrifugado durante 30 segundos. O fluxo foi descartado e 700 µl de tampão de lavagem secundário (etanol adicionado) foram adicionados à coluna de centrifugação. Centrifugou-se a 12 000 rpm durante 30 segundos e deitou-se fora o fluxo. Para remover o etanol residual, a coluna de centrifugação (vazia) foi centrifugada a 12 000 rpm durante 2 minutos.

E. Eluição do ARN

A coluna de centrifugação foi colocada num tubo de microcentrifugação isento de RNase. Foram adicionados 40 microlitros de tampão de eluição ao centro da membrana da coluna e incubados à temperatura ambiente durante 1 minuto. Em seguida, procedeu-se à centrifugação durante 1 minuto a 12 000 rpm para eluir o ARN. O ARN eluído foi armazenado a -80°C para utilização futura.

2.7.1.2 Reação em cadeia da polimerase com transcriptase reversa (RT-PCR)

Para a identificação do género *polerovírus*, foi efectuado um ensaio RT-PCR de 128 amostras selecionadas aleatoriamente de pimentão e 57 de ervas daninhas arvenses, utilizando um par de iniciadores degenerados: PolGenUp2: 5'- GA T GA R GG T CGY TAC CG - 3' e PolGenDown2: 3' - ACC TCG ACT TTR AAR CC - 5' que amplificaram o amplicon de 593 pb da região RdRp do genoma viral (Lotos *et al.*, 2014). As condições de termociclagem são mencionadas na (Tabela 2). As amostras positivas com deteção genérica de *polerovírus* foram selecionadas para estudos posteriores de deteção específica de quatro *polerovírus* que infectam o pimento, ou seja, PeVYV, PYLCV, PeLRCV e BWYV.

Para efetuar a RT-PCR para o PeVYV, foram utilizados os seguintes iniciadores específicos: PYVV-F: 5'- CAGAACAAGCGAGAAATCGCTC-3' juntamente com o iniciador complementar, PYVV-R: 3'-TGTGAGTTTGTTGCGACGACC-5' que amplifica as regiões parciais de RdRp, Cp, MP do PeVYV. A reação foi realizada nas condições de ciclagem descritas na (Tabela 3). Esperava-se que o tamanho do produto amplificado fosse de 240 pb (comunicação pessoal com o Prof. N. I. Katis, Universidade Aristóteles de Salónica, Grécia).

2.7.1.3 Nested PCR para RdRp para a região CP do genoma do polerovírus

A fim de caraterizar melhor estes isolados, foi amplificada uma porção maior do genoma, desde a parte 3'-terminal do RdRp até ao fim da proteína de revestimento (CP), utilizando iniciadores sobrepostos (**Figura 2**). A análise da sequência deste produto amplificado (1100 pb) foi efectuada com o programa Blast n/p. As identidades de nucleótidos e aminoácidos foram calculadas utilizando a distância p no MEGA.

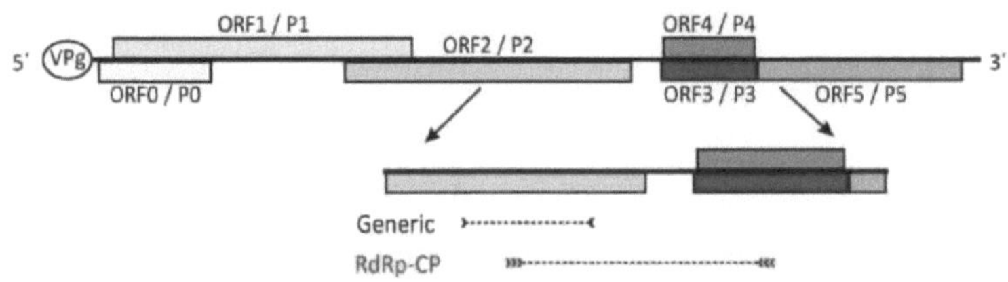

Figura 2. Apresentação esquemática das regiões amplificadas do genoma *do polerovírus*

Quadro 2: Condições de termociclagem para RT-PCR (PolGen Up2 e PolGen Down2)

Processo	**Temperatura**	**Tempo**	**Ciclos**
Transcrição inversa	45°C	60min	1
	70°C	15min	
Desnaturação inicial	94°C	15min	1
Desnaturação	94°C	30 segundos	40
Recozimento	58°C	15 segundos	
	54°C	10 segundos	
	52°C	10 segundos	
Extensão	72°C	30 segundos	
Extensão final	72°C	05min	1

Tabela 3. Condições de termociclagem para RT-PCR (PYVV-F e PYVV-R)

Processo	**Temperatura**	**Tempo**	**Ciclos**
Transcrição inversa	45°C	30min	1
Desnaturação inicial	94°C	1min	1
Desnaturação	94°C	30 segundos	
Recozimento	60°C	20 segundos	40
Extensão	72°C	20 segundos	

Extensão final	72°C	5min	1

Para a deteção do PYLCV, foi utilizado um primer forward (primer degenerado) F1- PYLCV: 5' GGAGGAAGGTCRAGCAACAGC 3' (posição 3824-3844 da sequência do TVDV) e um primer complementar: R2-PYLCV '5 CTATTTGGGGGTTGTGYARTTGCAC '3 (posição 4209-4233 da sequência do *Tomato vein distorting virus* (TVDV)), tal como descrito por Dombrovsky *et al.*, 2010. O comprimento esperado do emplicon era de 650 pb. A reação de RT-PCR foi programada para 35 ciclos nas condições de ciclagem descritas na (Tabela 4). A RT-PCR foi efectuada com o kit Takara One Step RT-PCR (Takara Bio Inc., Nojihigashi 7-4-38, Kusatsu, Shiga 525-0058, Japão). A reação foi preparada de acordo com as recomendações do fabricante.

Para detetar a presença do PeLRCV, amplificou-se uma porção de 693 pb da ORF5, que codifica a proteína do revestimento menor, utilizando o par de iniciadores: ORF5-Up: 5'-GATAATTGCTTAGCTGAGTCTCTAG-3',ORF5-Down:5' GAAATCTAACGCCATGGTCTC-3' (comunicação pessoal com o Dr. L. Lotos, Universidade Aristóteles de Salónica, Grécia). As condições de termociclagem são descritas no quadro 5. O ensaio RT-PCR para deteção do BWYV foi efectuado utilizando o par de iniciadores: BWYVUp : 5'- ACC CTG CTY GCG CAG C - 3' e BWYVDo : 5'- GTA TTT CCC YAG GTC GGT GCT AAC TG - 3 que amplifica os cds parciais de RdRp, CP e MP do genoma viral (Lotos *et al.*, 2014). As condições de termociclagem estão descritas na (Tabela 6).

O kit de RT-PCR MyTaq^{TM} One-Step RT-PCR (BioLine Ltd, Reino Unido, www.bioline.com) foi utilizado para preparar a mistura principal para RT-PCR. Foi adicionado um microlitro de amostra de ARN a cada um dos tubos de PCR e, em seguida, estes tubos foram colocados numa máquina termocicladora Advanced-Primus 96 (PEQ LAB 3411 Silverside Road, Weldin Building, Wilmington, DE 19810, Estados Unidos da América). Os produtos de RT-PCR foram armazenados a -20°C para utilização posterior.

Tabela 4. Condições de termociclagem para RT-PCR (PYLCV-F1e PYLCV-R2)

Processo	**Temperatura**	**Tempo**	**Ciclos**
Transcrição inversa	45°C	60min	1
	70°C	15mim	
Desnaturação inicial	94°C	15min	1
Desnaturação	94°C	30 segundos	30
Recozimento	60°C	30 segundos	
Extensão	72°C	30 segundos	

Extensão final	72°C	10min	1

Tabela 5. Condições de termociclagem para RT-PCR (ORF5Up e ORF5Down)

Processo	Temperatura	Tempo	Ciclos
Transcrição inversa	45°C	60min	1
Desnaturação inicial	94°C	15min	1
Desnaturação	94°C	20 segundos	40
Recozimento	58°C	20 segundos	
Extensão	72°C	20 segundos	
Extensão final	72°C	5min	1

Tabela 6. Condições de termociclagem para RT-PCR de BWYV

Processo	Temperatura	Tempo	Ciclos
Transcrição inversa	45°C	60min	1
	70°C	15min	
Desnaturação inicial	94°C	15min	1
Desnaturação	94°C	30 segundos	40
Recozimento	60°C	20 segundos	
	72°C	20 segundos	
Extensão final	72°C	05min	1
Manter	8°C	~	~

3.2.1.4 Eletroforese em gel

Para a eletroforese em gel, seguiu-se o método descrito por Sambrook e Russel (2001): misturou-se 0,4 g de gel de agarose (BioLine Ltd, Reino Unido, www.bioline.com) em 40 ml de tampão Tris Borato EDTA (TBE) 1x. A agarose foi derretida por aquecimento num forno de micro-ondas durante um período de tempo adequado (cerca de 1 minuto). Deixou-se arrefecer a agarose até 55°C antes de adicionar o laranja de acridina (5µl). Antes de verter a solução de gel para o tabuleiro, ambos os lados do Gel caster foram cuidadosamente selados com fita adesiva e o pente foi colocado no local específico. A agarose derretida foi vertida suavemente na plataforma de moldagem do gel. Deixou-se o gel solidificar. O pente e a fita adesiva foram cuidadosamente retirados quando o gel arrefeceu e solidificou. A unidade de eletroforese foi enchida com tampão TBE 1X até à marca e o gel fundido foi colocado na cuba de gel.

Utilizou-se parafilme para preparar as amostras para carregamento e as amostras de ADN foram preparadas adicionando 3 μl de cada amostra a 1 μl de corante de carregamento 6X (azul de bromofenol e glicerol), perfazendo a concentração final de 1X. Cada amostra foi carregada no poço que lhe foi atribuído. A escada de ADN de 1 kb foi colocada no primeiro poço. Cobriu-se o depósito de gel e a unidade de eletroforese funcionou durante 1 hora a 90 V de eletricidade. O progresso foi monitorizado seguindo a migração do corante no gel.

Os amplicões RT-PCR obtidos foram visualizados sob luz UV e foram tiradas fotografias com o sistema de documentação em gel (BioDoc Analyze da Biometra GmbH; Goettingen, Alemanha). As linhas sem quaisquer bandas visíveis foram consideradas como resultados negativos. As bandas específicas conhecidas da escada de ADN foram comparadas com os produtos de RT-PCR para determinar o seu peso molecular esperado. Os resultados da eletroforese foram também utilizados para obter a informação relativa à concentração de cada produto RT-PCR (Sambrook e Russell, 2001).

3.2.1.5 Purificação de fragmentos de ADN e confirmação por Re-PCR

Os fragmentos de ADN específicos foram purificados utilizando o kit de extração de ADN em gel AxyPrep DNA da Axygen Biosciences (33210 Central Avenue, Union City, CA 94587, EUA). O protocolo utilizado para extrair o ADN do gel foi o seguinte

Os tubos eppendorf vazios foram pesados e etiquetados separadamente para indicar o número da amostra. As fatias de gel de agarose que contêm os fragmentos de ADN de interesse foram excisadas com um bisturi esterilizado e afiado sob iluminação ultravioleta. O gel cortado foi colocado numa toalha absorvente para remover o tampão residual. As fatias com banda de ADN foram então transferidas para o respetivo eppendorf e pesadas novamente para determinar o peso do gel, calculando a diferença entre o peso inicial do tubo e o peso final. O peso do gel foi considerado equivalente ao volume. Em seguida, as fatias de gel foram esmagadas com uma ponta de pipeta, seguida de centrifugação a 14 000 rpm durante 30 segundos para recolher os pedaços de gel esmagados no fundo dos tubos. Depois disso, foi adicionado um volume de amostra 3X de Tampão DE-A para facilitar a visualização da agarose insolubilizada. Para a ressuspensão do gel no Tampão DE-A, procedeu-se à agitação em vórtex e, em seguida, os tubos foram aquecidos a 75^0 C durante 7-8 minutos para o dissolver completamente. Durante o aquecimento, procedeu-se a vórtices esporádicos (a cada 2-3 minutos) para acelerar a solubilização do gel.

Depois disso, adicionou-se DE-B a metade do volume de DE-A aos tubos e misturou-se bem com uma pipeta, o que resultou numa cor amarela uniforme. As colunas de miniprep foram colocadas em tubos de microcentrífuga de 2 ml e a agarose solubilizada foi transferida, seguida de centrifugação a 14.000 rpm durante 1 minuto. O filtrado foi eliminado e foram adicionados 500 μl de Buffer W1. A centrifugação foi efectuada a 14.000 rpm durante 30 segundos. De seguida, o filtrado foi eliminado dos tubos e as colunas Miniprep foram devolvidas aos tubos. Em seguida, procedeu-se à primeira lavagem adicionando 700 µl de Buffer W2 (com etanol a 95-100 %), seguida de centrifugação a 14 000 rpm durante 30 segundos. O filtrado foi rejeitado e foram adicionados 700 µl de Buffer W2 para a segunda lavagem, de modo a garantir a remoção completa do sal do gel. Em seguida, procedeu-se novamente à centrifugação a 14.000 rpm durante 1 minuto.

O filtrado foi novamente eliminado e procedeu-se à centrifugação a 14 000 rpm durante 1 minuto para evaporar os restos do tampão W2. Após a centrifugação, as colunas Miniprep foram transferidas para tubos de microcentrífuga limpos de 1,5 ml. Para aumentar a eficiência da eluição, o eluente foi pré-aquecido a 65^0 C. Foram adicionados 30 µl de tampão de eluição ao centro da membrana nas colunas. Os tubos de microcentrífuga foram mantidos à temperatura ambiente durante 1 minuto e depois centrifugados a 14.000 rpm durante 1 minuto. Em seguida, as colunas Miniprep foram eliminadas e o ADN eluído em tubos de microcentrífuga de 1,5 ml foi armazenado a -20^0 C para reacções enzimáticas subsequentes.

Para a confirmação das bandas específicas e para obter uma magnitude elevada de ADN, foi efectuada a PCR utilizando os produtos da RT-PCR purificada como modelo. Para a amplificação por PCR, foi utilizado o kit KAPA2G Fast Ready Mix (KAPA Biosystems, EUA). Não necessita de corante de carga porque contém corantes inertes. A configuração da reação utilizada para a PCR foi a descrita na Tabela 7. A máquina Advanced-Primus 96 (PEQLAB Ltd., Reino Unido) foi utilizada para a PCR e foram utilizados os seguintes parâmetros de termociclagem (Quadro 8). O produto da PCR foi analisado num gel de agarose corado com laranja de acridina (5µl) e armazenado a -20°C para utilização posterior.

Tabela 7. Preparação da reação utilizada para a PCR

Componente	**Volume**	**Concentração**
2X KAPA 2G Fast Ready Mix	12,5 µl	1X
F-Primer (PolGenUpl)	1,25µl	10µM
R-Primer (PolGenDown2)	1,25µl	10µM
DMSO	1,5µl	5%
Modelo de ADN	1µl	Conforme necessário
Água de grau PCR	7,5 µl	
Total	25	

Tabela 8. Condições de ciclagem térmica para PCR (PolGen Up2 e PolGen Down2)

Processo	Temperatura	Tempo	Ciclos
Desnaturação inicial	94°C	2min	
Desnaturação	94°C	30 segundos	
Recozimento	58°C	15 segundos	1
	54°C	10 segundos	40
	52°C	10 segundos	
Extensão	72°C	30 segundos	
Extensão final	72°C	5min	

3.2.1.6 Hibridação Dot Blot

A hibridação Dot blot consiste num procedimento em três fases, ou seja: síntese da sonda marcada, hibridação molecular entre a sonda adequada e as amostras e deteção colorimétrica (Pallas *et al.*, 1998).

3.2.1.6.1 Síntese da sonda de cDNA

O kit de síntese de sonda PCR DIG (Roche Cat.No.11 636 090 910) foi utilizado para a síntese da sonda, através da amplificação por PCR. Foram utilizados dois microlitros dos produtos de RT-PCR do isolado selecionado, positivos para os iniciadores PYVV-F e PYVV-R, como modelo de ADN para a preparação da sonda. A mistura principal foi preparada conforme descrito no (quadro 9).

Tabela 9. Preparação da reação utilizada para a síntese do cDNA Sonda

Reagentes	Volume	Concentração final
Água de grau PCR	12,625µl	1X
Tampão PCR com $MgCl_2$	2,5µl	10X
Mistura de marcação PCR DIG	2,5µl	200µM dNTP
Precursor direto (PYVV-F)	2,5µl	0,5 µM
Marcador prévio inverso (PYVV-R)	2,5µl	0,5 µM
Mistura de enzimas	0,375µl	
Modelo de ADN	2µl	20ng de gDNA
Volume final	25 µl	

Foi preparado um volume total de 25 µl nos dois tubos de reação de PCR separados para cada isolado. A reação foi colocada no termociclador para PCR e foram repetidos os mesmos ciclos, tal como mencionado, excluindo o passo RT. Para garantir a qualidade da sonda preparada, procedeu-se à eletroforese em gel, fazendo correr os 5 µl do produto de PCR marcado com DIG num gel de agarose a 1%, utilizando laranja de acridina (5µl). Quando o produto de PCR marcado com DIG foi comparado com o produto de RT-PCR não marcado através de eletroforese em gel, o produto de PCR marcado com DIG apresentou um aumento notável do peso molecular devido à marcação com digoxigenina (Pallas *et al.*, 1998, e Webster e Barker, 1998).

3.2.1.7 Sequência de nucleótidos e análise da árvore filogenética

3.2.1.7.1 Sequência parcial do genoma

Vinte e cinco microlitros de produtos de PCR de onze isolados sauditas de ambas as amostras positivas com primers genéricos *de polerovírus* e PeVYV foram parcialmente sequenciados (duas direcções) no Advanced Genetic Technology Center, College of Agriculture Sciences, Plant Sciences Department, University of Kentucky, EUA. Outro conjunto de seis amostras (produtos de PCR) da região ORF5 do PeLRCV foi enviado para sequenciação parcial à Bgi Tech. Solutions Co., Limited, Hong Kong.

Utilizou-se o programa BLASTN para analisar as sequências obtidas para a região RdRp (deteção geral de *polerovírus*) e RdRp parcial, CP e MP do genoma do PeVYV, juntamente com a proteína de revestimento menor do PeLRCV. As sequências completas para a análise filogenética genérica foram cortadas de modo a refletir o comprimento das sequências parciais. Estas sequências foram montadas juntamente com 12 sequências RdRp que foram recuperadas do GenBank e analisadas utilizando o programa BioEdit com Clustal W e bootstrapped com 100 semelhanças. Percentagem de identidade da região RdRp entre os isolados sauditas e outros *polerovírus* depositados no GenBank.

Do mesmo modo, as sequências parciais de dois genes, P1 e P2, dos isolados de PeVYV foram comparadas com a região homóloga de PeVYV do GenBank e foram efectuados estudos filogenéticos. Para o efeito, todas as sequências parciais foram alinhadas por "EditSeq" para estabelecer as percentagens de identidade e, em seguida, utilizou-se o software "MegAlign" para verificar a percentagem de identidade entre os isolados e construir a árvore filogenética.

Além disso, seis sequências parciais do gene CP menor do PeLRCV foram também estudadas para análise filogenética utilizando o procedimento acima mencionado.

3.2.1.7.2 Sequência de nova geração (NGS)

Um total de três amostras de microRNA (miRNA) (duas de *C. annuum* e uma de *Anethum graveolens*) foram enviadas para a Life Sequencing S.L., Parc Cientific Universitat de València, Edificio 2, Biotecnologia C/Catedràtico Agustin Escardino, Paterna, Valência, Espanha, para NGS. A amostra #105D recolhida de Wadi Nisah (área de Al-Kharj) foi selecionada para a análise NGS. Os ARN curtos de interferência (siRNA) foram purificados a partir de tecido liofilizado de folhas e pecíolos utilizando o kit de isolamento de microRNA mirPremier (Sigma-Aldrich, St. Louis, EUA). A sequenciação dos siRNAs foi efectuada numa plataforma HiSeq (Illumina Genome Analyzer) pela Life Sequencing S.L. (Paterna, Espanha). A montagem de *novo* foi efectuada utilizando o plug-in Velvet no software Geneious (Biomatters Ltd., Auckland, Nova Zelândia) e os contigs resultantes foram comparados (Blastn, BlastX) com as bases de dados GenBank. Os contigs que apresentavam semelhanças com *polerovírus* conhecidos foram alargados utilizando o mapeamento iterativo no software Geneious.

3.2.2 Identificação biológica

3.2.2.1 Gama de anfitriões para PeLRCV

As experiências de gama de hospedeiros foram conduzidas conforme descrito por Yonaha *et al.,* 1995 e Dombrovsky *et al.*, 2010, utilizando culturas de *A. gossypii*, colhidas em *Stenolobium stans*. As espécies de pulgões recolhidas foram identificadas pelo Prof. Yousif N. Al-Dryhim, (Departamento de Proteção das Plantas, Faculdade de Ciências Alimentares e Agrícolas, Universidade King Saud). Antes da infestação em plantas de pimento infectadas, os afídeos foram submetidos a um período de fome de 2 horas, após o que o vetor foi autorizado a aceder à planta de origem durante 72 horas do período de acesso de aquisição (AAP) e transferiu estes afídeos virulíferos para plantas de pimento saudáveis com três a quatro folhas para transmissão.

Um total de 15 espécies de plantas de seis famílias de plantas, nomeadamente: *Solanaceae, Fabaceae, Cucurbitaceae, Chenopodiaceae, Amaranthaceae* e *Poaceae*, foram utilizadas na experiência de gama de hospedeiros. Foram testadas espécies vegetais como *Amaranthus viridis, C. annuum, C. melo, C. pepo, C. amar anticolor, C. lanatus, D. stramonium, Lagenaria siceraria, S. nigrum, Lycopersicum esculentum, S. melongena, N. tabacum, P. hybrida, V. faba, Vigna radiate*. As sementes de todas as plantas utilizadas na experiência da gama de hospedeiros foram semeadas em vasos (15 cm de diâmetro) preenchidos com uma mistura de solo e musgo de turfa (rácio 1:1). Após o estabelecimento do viveiro, as plântulas foram transferidas para novos vasos. Cada tratamento foi reproduzido seis vezes e a experiência foi repetida duas vezes. Um conjunto separado de plantas de controlo de cada espécie vegetal foi inoculado com afídeos não virulíferos.

Grupos de 10 a 15 afídeos virulíferos foram então transferidos para plantas jovens e saudáveis de todas as espécies incluídas na gama de hospedeiros para um período de acesso à inoculação (PAI) de 30 minutos a 4 horas. No final do PAI, as plântulas foram pulverizadas com inseticida para matar os afídeos e as plantas foram mantidas em gaiolas controladas para insectos na estufa para o desenvolvimento dos sintomas. Os sintomas foram registados após 30 dias de alimentação do pulgão virulífero. Todas as plantas inoculadas (sintomáticas e assintomáticas) e as plantas de controlo foram testadas por RT-PCR para confirmar a presença do PeLRCV (Fig. 3).

Figura 3. Transmissão de insectos com *A. gossypii*

4. RESULTADOS

4.1 Inquérito de campo

Das 128 amostras de pimentão selecionadas aleatoriamente, 87 revelaram a presença de *polerovírus* através de deteção genérica (quadro 1). Estas amostras positivas foram selecionadas para posterior deteção dos *polerovírus* que infectam o pimento, nomeadamente PYLCV, PeVYV, BWYV e PeLRCV. Todas as amostras testadas para o PYLCV e o BWYV foram negativas. Por outro lado, 57 amostras selecionadas de plantas infestantes arvenses foram negativas para a deteção genérica através de ensaios RT-PCR. As espécies de ervas daninhas testadas incluíram: *Amaranthus viridis*, *Chinopodium murale*, *Calotropis procera*, *Lactuca saligne*, *L. serriola*, *Malva parviflora*, *Portulaca oleracea,* e *Solanum nigrum* e dois hospedeiros cultivados, ou seja, *Momordica charantia* e *Vigna radiate* (foram encontrados como ervas daninhas na plantação de pimentão).

4.1.1Ensaio RT-PCR para a deteção genérica do género *polerovírus*

Os resultados da RT-PCR mostraram que o par de primers: PolGenUp2 e PolGenDown2 produziu um fragmento de tamanho esperado de ~593 pb a partir das amostras positivas (Fig. 4).

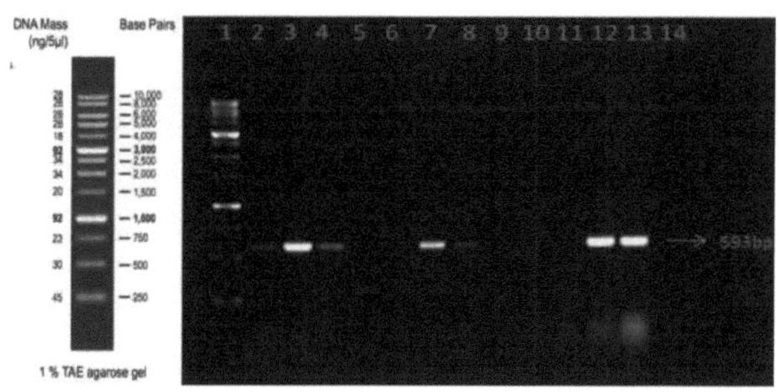

Figura 4. Gel de agarose a 1% resultante da RT-PCR para detetar a presença do género *polerovírus* em amostras selecionadas recolhidas durante a pesquisa na região de Riade: A primeira linha a contar da esquerda representa a escada de ADN de 100 pb da Gene Direx, cuja imagem está colada no lado esquerdo. A linha 14 representa o controlo negativo.

4.1.2Ensaio RT-PCR para deteção do PeVYV

As amostras que apresentaram resultados positivos com os iniciadores genéricos foram selecionadas para deteção do PeVYV. Os resultados mostraram que todas as amostras também foram positivas com o par de iniciadores: PYVV-F e PYVV-R, produzindo um amplicon esperado de ~240 pb (Fig. 5).

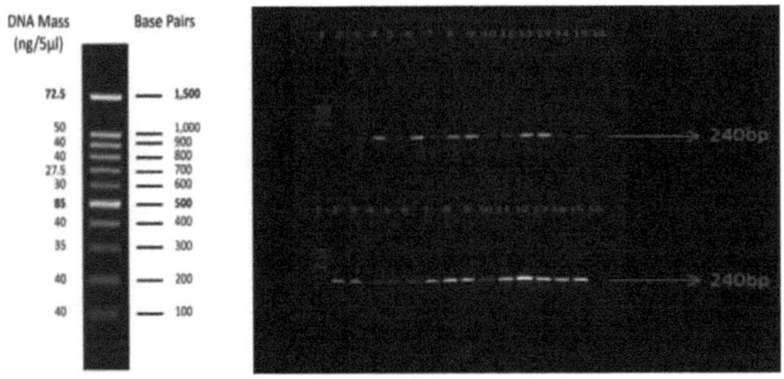

Figura 5. Gel de agarose a 1% resultante da RT-PCR para detetar o PeVYV em amostras selecionadas recolhidas durante o estudo da região de Riade: A primeira linha a contar da esquerda representa a escada de ADN de 100 pb da Gene Direx, cuja imagem está colada no lado esquerdo. A linha 14 representa o controlo negativo.

4.1.3Nested PCR para RdRp na região CP do genoma do polerovírus e análise filogenética

Os produtos de PCR sobrepostos que foram amplificados e sequenciados resultaram numa sequência consensual de 1100 nt que representa aproximadamente 25-30 % do genoma viral. Este produto incluía a região que codifica a parte C-terminal da RdRp, a CP, com exceção dos seus dois últimos codões, e a proteína de movimento (MP) completa (**figura 2**). A sequenciação do produto de ~1100 pb para os isolados da Arábia Saudita, abrangendo desde a RdRp até à região codificadora da CP, revelou diferenças pronunciadas em relação a todos os vírus supramencionados. As sequências parciais de nucleótidos (nt) do gene da ORF 2 (RdRp) do produto genérico (593 pb) apresentaram uma semelhança entre 88,8 e 93,3 %, enquanto as sequências de aminoácidos (aa) do mesmo produto apresentaram uma semelhança de cerca de 94,9 a 97,4 % com as regiões homólogas do TVDV, PeVYV e PYLCV depositadas no GenBank. No entanto, o produto de 1100 pb apresentou diferenças acentuadas em relação à análise genérica, uma vez que apresentou uma semelhança tão baixa como 32,9-64,6% nt e 45-57% entre os genes CP e MP, respetivamente, com as regiões homólogas dos três vírus supramencionados (quadro 10).

Tabela 10. Percentagens de semelhança entre o isolado saudita 105D e o TVDV, o PeVYV e o PYLCV

Região amplificada	TVDV	PeVYV	PYLCV
ORF 2 (RdRp)	**94.9** / *88.8* *	**97.1** / *93.3*	**97.4** / *93.0*
ORF 3 (CP)	**57.6** / *62.6*	**57.6** / *64.6*	**55.6** / *62.5*
ORF 4 (MP)	**44.7** / *34.1*	**45.9** / *34.2*	**42.4** / *32.9*

* Em negrito = diferença de aminoácidos (aa) e em itálico = diferenças de nucleótidos (nt)

4.1.4Ensaio RT-PCR para deteção do PeLRCV

As mesmas amostras foram selecionadas para posterior deteção do PeLRCV utilizando o par de primers: ORF5-Up e ORF5-Down. Todas as amostras apresentaram uma banda de 693 pb num gel de agarose a 1% (Fig. 6).

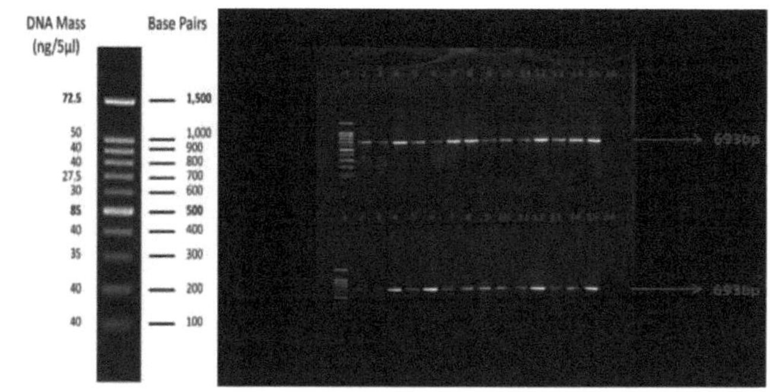

Figura 6. Gel de agarose a 1% resultante da RT-PCR para detetar o PeLRCV em amostras selecionadas recolhidas durante o estudo da região de Riade: A primeira linha a contar da esquerda representa a escada de ADN de 100 pb da Gene Direx, cuja imagem está colada no lado esquerdo. A linha 16 representa o controlo negativo.

4.1.5Sequência de nucleótidos e análise filogenética

Quando a PCR foi realizada a partir de produtos RT-PCR purificados para preparar as amostras para uma análise de sequenciação óptima, o aparecimento de bandas de 593 pb, 240 pb e 693 pb confirmou a pureza dos isolados nas amostras infectadas com *polerovírus* (género), PeVYV e PeLRCV, respetivamente, juntamente com a amplificação.

4.1.3.1 Sequência parcial do genoma do género *polerovírus*

Quando as sequências de nucleótidos de 19 RdRp foram analisadas filogeneticamente, formaram-se dois clados: A e B, que se distribuíram ainda por outros subgrupos. Todos os isolados da Arábia Saudita formaram um subgrupo C no clado A (Fig. 7). O clado A incluía FN600344 (PYV da Turquia), HM439608 (PYLCV da Palestina ocupada), AB594828 (PeVYV do Japão), AF402621 (ToVDPV da China), EF529624 (ToVDV da China), KP326573 (PeVYV da China) e AJ704819 (ToVDV da China).

A identidade da sequência de nucleótidos dos seis isolados da Arábia Saudita: Pol-26-S, Pol-31-SA, Pol-38-SA, Pol-67-SA, Pol-86-SA e Pol-97-SA variou entre 96,6% e 98,3% (quadro 11). Estes isolados estavam estreitamente relacionados com os *polerovírus* que infectam o pimento provenientes da Turquia, da Palestina ocupada, do Japão e de 4 isolados registados na China (quadro 12).

O clado B, na figura 7, contém isolados menos estreitamente relacionados com os isolados sauditas:

X13063 (TuYV de França), HQ388349 (BrYV da China), EU000534 (MABYV da China), JQ700307 (MAVYV de Taiwan), KM076647 (BWYV da Coreia do Sul) e FN600342 (BWYV da Grécia). As identidades das sequências de nucleótidos de todos os RdRp alinhados foram de 32,3-94,5% (Quadro 12).

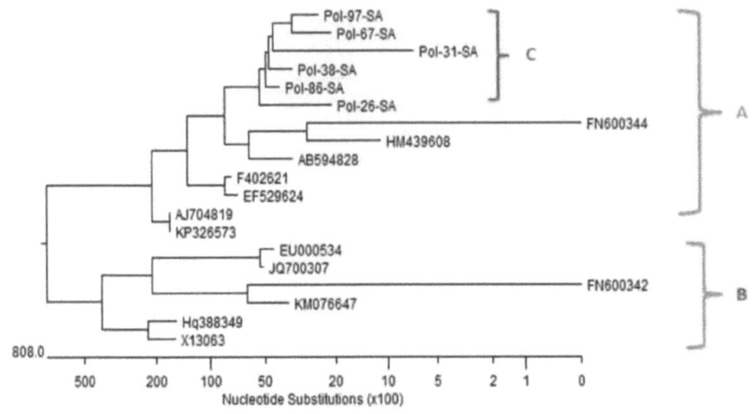

Figura 7. Árvore filogenética baseada no alinhamento de sequências múltiplas entre seis isolados de polerovírus da Arábia Saudita e 13 isolados registados em todo o mundo, obtidos a partir do GenBank

Tabela 11. Percentagem de identidade entre isolados sauditas para sequências genéricas

Isolar nomes	**Pol-26-SA**	**Pol-31-SA**	**Pol-38-SA**	**Pol-67-SA**	**Pol-86-SA**	**Pol-97-SA**
Pol-26-SA	100					
Pol-31-SA	96.6	100				
Pol-38-SA	97.0	98.1	100			
Pol-67-SA	96.8	97.6	97.9	100		
Pol-86-SA	97.0	98.1	98.1	97.6	100	
Pol-97-SA	96.8	98.3	97.9	98.3	97.9	100

Tabela 12. Isolados do género *polerovírus* utilizados em comparações de sequências obtidas do NCBI

Accs.#	**Nome do vírus**	**Nome do isolado**	**Planta hospedeira**	**País**	**Saudita Isolado/ Pol-gen**					
					Pol- 26-SA	**Pol- 31-SA**	**Pol- 38-SA**	**Pol- 67-SA**	**Pol- 86-SA**	**Pol- 97-SA**
FN600344	PYV	PY	*C. annuum*	Turquia	93.8	94.4	94.5	93.8	94.0	94.2
HM439608	PYLCV	É	*C. annuum*	Palestina ocupada	92.9	93.6	93.6	92.9	93.4	93.3

AB594828	PeVYV	---	*C. annuum*	Japão	92.1	93.4	92.7	92.3	92.5	92.7
AF402621	ToVDPV	Baoshan	Tabaco	China	89.0	90.2	90.3	89.5	89.7	89.5
EF529624	ToVDV	Longlin	Tabaco	China	88.8	90.1	90.1	89.3	89.5	89.3
KP326573	PeVYV	HN	Pimenta	China	87.6	88.0	87.8	87.6	88.2	87.8
AJ704819	ToVDV	BSh4	Tabaco	China	87.6	88.0	87.8	87.6	88.2	87.8
X13063	TuYV	FL1	Nabo	França	32.3	32.9	33.1	32.7	32.5	32.7
HQ388349	BrYV	BrYV-BBJ	*Brassica napus*	China	32.7	33.3	33.5	33.1	32.9	32.9
EU000534	MABYV	----	*Benincasa hispida*	China	32.3	33.5	33.3	32.7	32.9	33.1
JQ700307	MABYV	MABYV-TW1	*Citrullus lanatus*	Taiwan	32.5	33.7	33.5	32.9	33.1	33.3
KM076647	BWYV	LS	*Leonurus sibiricus*	Sul Coreia	34	35.3	34.8	34.2	34.6	34.6
FN600342	BWYV	BW6	*C. annuum*	Grécia	32.8	34.0	33.6	33.0	33.4	33.4

4.1.3.2 Sequência parcial do genoma do PeVYV

Foi construída uma árvore filogenética com cinco isolados de PeVYV recolhidos em dois locais diferentes da região de Riade. A árvore filogenética revelou uma elevada divergência entre os isolados da Arábia Saudita e os isolados a nível mundial, uma vez que todos os isolados da Arábia Saudita se agruparam num clado separado. Os outros isolados encontravam-se em 5 clados diferentes.

A análise filogenética mostrou uma relação estreita entre os isolados da Arábia Saudita e um isolado da Indonésia (JX427532) (Fig. 8).

A percentagem de identidade dos isolados sauditas varia entre 86,7% com um isolado chinês de TVDV (número de acesso AJ704819) e 95,5% com um isolado italiano de PeVYV (número de acesso KU886194) (quadro 13). A identidade entre os isolados da Arábia Saudita variou entre 98,8 % e 99,7 %, sugerindo uma baixa diversidade entre os isolados da Arábia Saudita (Fig. 8 e Quadro 14).

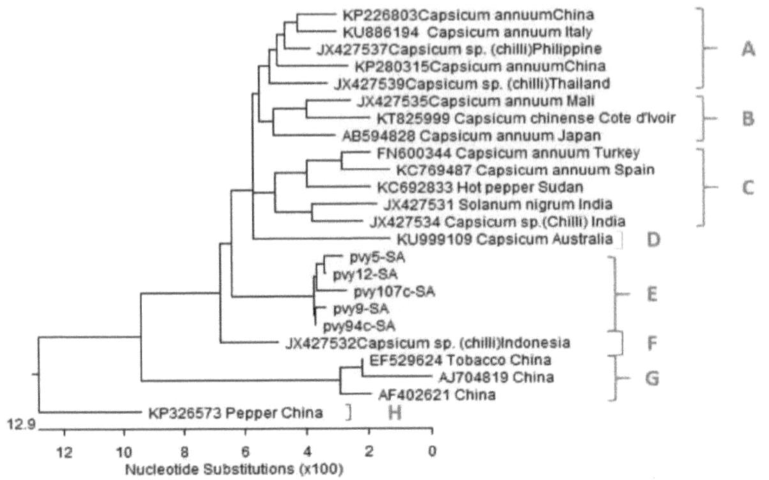

Figure 8. Árvore filogenética baseada no alinhamento de sequências múltiplas entre cinco isolados de PeVYV da Arábia Saudita e 43 isolados registados a nível mundial

Tabela 13. Percentagem de identidade de cinco isolados sauditas de PeVYV com outros isolados derivados do GenBank

Número de acesso	Nome do vírus	Planta hospedeira	País	% de identidade com os isolados da Arábia Saudita				
				PVY5- SA	PVY9- SA	PVY12- SA	PVY94c-SA	PVY107c-SA
EF529624	TVDV	Tabaco	China	87.9	87.6	87.9	87.9	87.6
FN600344	PeVYV	*C. annuum*	Turquia	92.1	92.7	92.7	93.1	91.8
JX427531	PeVYV	*S. nigrum*	Índia	91.2	91.8	91.8	92.1	91.2
JX427532	PeVYV	Pimenta malagueta	Indonésia	94.5	94.8	94.8	95.2	94.2
JX427534	PeVYV	Pimenta malagueta	Índia	92.4	93.1	93.1	93.4	92.4
JX427535	PeVYV	*C. annuum*	Mali	93.4	94.0	94.0	94.3	93.4
JX427537	PeVYV	Pimenta malagueta	Filipinas	94.3	94.9	94.9	95.2	94.3
JX427539	PeVYV	Pimenta malagueta	Tailândia	94.0	94.6	94.6	94.9	94.0
KC692833	PeVYV	Pimenta picante	Sudão	93.1	93.8	93.8	94.1	93.1

KC769487	PeVYV	*C. annuum*	Espanha	91.5	92.1	92.1	92.4	91.5
KP226803	PeVYV	*C. annuum*	China	93.3	93.9	93.9	94.2	93.3
KP280315	PeVYV	*C. annuum*	China	93.3	93.6	93.6	93.9	93.0
KP326573	PeVYV	Pimenta	China	87.3	87.9	87.3	87.6	87.0
KT825999	PeVYV	*C. chinense*	Costa do Marfim	91.7	92.3	92.3	92.7	91.7
KU886194	PeVYV	*C. annuum*	Itália	94.6	95.2	95.2	95.5	95.2
KU999109	PeVYV	Capsicum	Austrália	91.8	92.4	92.4	92.7	91.8
AB594828	PeVYV	*C. annuum*	Japão	92.7	93.4	93.4	93.7	92.7
AF402621	TVDV	Tobbaco	China	89.1	88.8	89.1	89.1	88.5
AJ704819	TVDV	Tobbaco	China	87.0	86.7	87.0	87.0	87.0

Tabela 14. Percentagem de identidade entre os isolados sauditas de PeVYV

Isolados	PVY5- SA	PVY9- SA	PVY12- SA	PVY94c- SA	PVY107c -SA
PVY5-SA (Al- Hota)		98.8	99.4	99.1	98.5
PVY9-SA (Al- Hota)			99.4	99.7	98.5
PVY12-SA (Wadi Nisah)				99.7	98.5
PVY94c-SA (Wadi Nisah)					98.8
PVY107c-SA (Wadi Nisah)					

4.1.5.3 Análise da sequência parcial do genoma do PeLRCV

Quando se efectuou a análise filogenética entre seis isolados sauditas do PeLRCV, colhidos na região de Riade, a árvore filogenética mostrou que todos estes seis isolados formam dois grupos (A e B) e são altamente semelhantes entre si. No entanto, o isolado n.º 12 ORF era ligeiramente diferente dos restantes, uma vez que se insere num grupo separado. A filogenia do PeLRCV revelou que existe muito pouca divergência entre os isolados recolhidos de diferentes locais na região de Riade (Fig. 9).

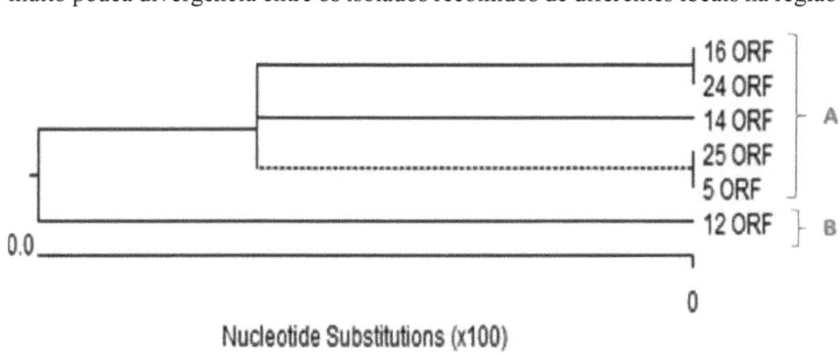

Figure 9. Árvore filogenética entre seis isolados de PeLRCV da Arábia Saudita

Estes isolados eram 100% idênticos entre si, exceto o 25-ORF que é 99,7% semelhante a todos os outros isolados (Quadro 15).

Tabela 15. Percentagem de identidade entre seis isolados sauditas do PeLRCV

Isolados	25 ORF	5 ORF	12 ORF	14 ORF	16 ORF	24 ORF
25 ORF		99.7	99.7	99.7	99.7	99.7
5 ORF			100	100	100	100
12 ORF				100	100	100
14 ORF					100	100
16 ORF						100
24 ORF						

4.1.5.4 Sequência de nova geração (NGS)

A execução do NGS produziu um total de 3.842.585 leituras, das quais 875.499 corresponderam aos siRNAs de 21-24 nt (22,8%). A montagem de *novo* (*k-mer* 15, N50=74) produziu 654 contigs. No entanto, apenas 188 estavam relacionados com sequências de vírus de plantas. Destes 188 contigs,143 eram semelhantes ao *Bell pepper endornavirus* (BEPV, família *Endornaviridae,* género *endornavirus*) e os restantes estavam relacionados com espécies do género *polerovírus*, principalmente com os *polerovírus* que infectam o pimento (PeVYV e PYLCV) (40 dos restantes 45 contigs).

O mapeamento iterativo das leituras para os contigs *relacionados com o polerovírus* resultou na reconstrução de um genoma parcial *do polerovírus* com algumas pequenas lacunas. As lacunas foram preenchidas com sequenciação por sanger, resultando num genoma parcial com 5 496 nt de comprimento. O genoma parcial resultante foi depositado no European Nucleotide Archives com o número de acesso LT220496, como novo *polerovírus* provisoriamente designado *Pepper leafroll chlorosis virus* (PeLRCV). Foi mapeado um total de 11.506 contigs de ambas as polaridades (56,6% positivas, 43,4% negativas), com a cobertura do genoma a variar entre 0-498, com uma média de 45,5. A maioria das leituras era da classe 21-22 nt. Não foram encontrados contigs correspondentes à extremidade 3'da ORF5 e à 3'NCR.

4.1.6 Hibridação Dot Blot

Quando a sonda marcada com ADN para a deteção do PeVYV foi sintetizada através da PCR, os pesos moleculares das sondas foram superiores aos do produto RT-PCR não marcado, uma vez que este foi marcado com digoxigenina (Fig. 10).

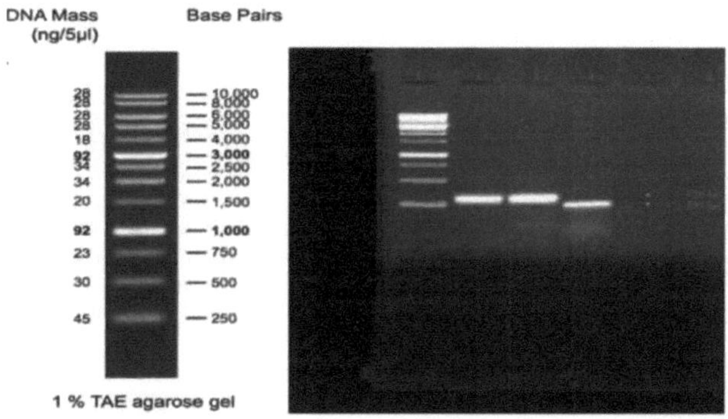

Figura 10. O gel de agarose a 1% mostra a comparação entre os produtos PCR não marcados e os produtos PCR marcados com DIG (sonda) do PeVYV: a sonda tem um peso molecular mais elevado do que o respetivo produto RT-PCR de controlo. Pista 4 a partir da esquerda: Produto PCR não ativado do PeVYV, pista 1ª a partir da esquerda: Marcador de peso molecular Gene Direx 1kb cuja imagem está colada no lado esquerdo. A linha 5 da esquerda representa o controlo negativo. As setas laterais indicam o tamanho aproximado das bandas em comparação com o marcador de ADN.

Como os dados de NGS mostraram que um novo agente viral PeLRCV está envolvido no desenvolvimento da doença, a sonda que foi sintetizada a partir do par de primers PYVV-F e PYVV-R (visando a região P1 e RdRp) não foi suficiente para testar as amostras de campo para a deteção específica de PeLRCV, porque RdRp é uma região altamente conservada em vírus de RNA de cadeia positiva (Koonin *et al.*, 1993) e também entre a família *Luteoviridae*. Assim, os primers que visam esta região podem dar resultados falsos para a deteção específica de espécies (Lotos *et al.*, 2014). Além disso, a análise filogenética mostrou que a percentagem de identidade obtida para este iniciador é inferior a 90% com três isolados registados no GenBank, ou seja, KT825999, AF402621 e AJ704819, o que indica que pode haver um vírus divergente a causar a doença, apoiando os critérios de demarcação de espécies na família *Luteoviridae* (D'Arcy e Domier, 2005).

4.2 Gama de hospedeiros e ensaio RT-PCR para o PeLRCV

Quando o *A. gossypii* virulífero se transferiu para sete espécies de plantas; *A. viridis, C. amaranticolor, L. esculentum, S. melongena, N. tabacum, V. faba* e *V. radiate*, os afídeos morreram nestas sete espécies de plantas testadas. No entanto, os afídeos vectores foram capazes de se alimentar das restantes espécies de plantas testadas, tais como *C. annuum, C. melo, C. pepo, C. lanatus, D. stramonium, L. siceraria, S. nigrum* e *P. hybrida*. Os sintomas desenvolveram-se nas plantas: *C. annuum, C. melo, S. nigrum* e *D. stramonium*. Os resultados da RT-PCR confirmaram a infeção viral nas plantas: *C. annuum, C. melo, C. amaranticolor, D. stramonium* e *S. nigrum* (Tabela 16 & Fig. 11).

Tabela 16. Resposta sintomática e resultados de RT-PCR de diferentes espécies de plantas induzidas pelo PeLRCV utilizando *A. gossypii*

Espécies de plantas	**Tipos de expressão dos sintomas**	**Número de plantas sintomáticas**[a]	**Resultados da RT-PCR** [b]
			PeLRCV
C. annuum	Amarelecimento interveinal, enrolamento das folhas,	12/12	+
D. stramonium	Manchas cloróticas interveinais ligeiras	10/12	+
P. híbrido	Assintomático	0/12	
V. faba	Assintomático	0/12	
C. melo	Mosaico, estreitamento da lâmina foliar	11/12	+
C. amaranticolor	Assintomático	0/12	+
S. nigrum	mosaico interveinal	10/12	+
A. viridis	Assintomático	0/12	
C. pepo	Assintomático	0/12	
C. lanatus	Assintomático	0/12	
L. siceraria	Assintomático	0/12	
Lycopersicum esculentum	Assintomático	0/12	
S. melongena	Assintomático	0/12	
N. tabacum	Assintomático	0/12	
V. irradiar	Assintomático	0/12	

[a] Número de plantas sintomáticas após a inoculação/número total de plantas

[b] Ensaio de deteção da reação de polimerização em cadeia da transcriptase reversa em espécies vegetais da gama hospedeira +: positivo, -: negativo

Figura 11. Diferentes expressões de sintomas das espécies de plantas da gama de hospedeiras incluídas pelo PeLRCV: A) *C. annuum*: inoculado; amarelecimento interveinal e enrolamento das folhas **B)** *C. melo*: inoculado; mosaico **C)** *D. stramonium*: inoculada; manchas cloróticas interveinais **D)** *S. nigrum*: inoculada; mosaico interveinal **E)** *C. amaranticolor*: assintomática **F)** *C. annuum*: controlo **G)** *C. melo*: controlo **H)** *D. stramonium*: **I)** *S. nigrum*: controlo.

Das 15 espécies de plantas testadas para a transmissão do PeLRCV por *A. gossypii*, apenas cinco espécies de plantas apresentaram resultados positivos (quadro 15). Reação RT-PCR com o par de iniciadores;

ORF5 Up e ORF5 Down apresentaram uma amplificação esperada de 693 pb (Fig. 12).

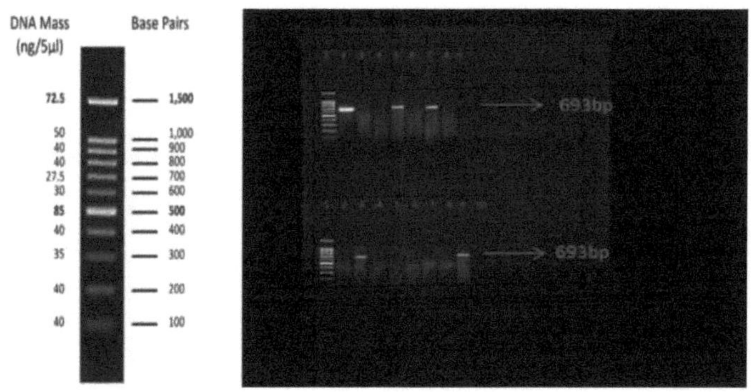

Figura 12. Gel de agarose a 1% mostrando os resultados de RT-PCR da experiência de gama de hospedeiros do PeLRCV: 1ª fila (da esquerda para a direita): *C. annuum, A. viridis, C. pepo, C. melo, C. lanatus, S. nigrum, , L. siceraria*, e Fileira 2 (da esquerda para a direita): *C. amaranticolor, , L. esculentum, S. melongena, N. tabacum, P. hybrida, V. faba, V. radiata D. stramonium.* A primeira linha (da esquerda para a direita) mostra bandas de 693 pb para *C. annuum, C. melo e S. nigrum* e a segunda linha (da esquerda para a direita) mostra bandas para *C. amaranticolor* e *D. stramonium* que amplificam o apmlicon de 693 pb. A linha 1ª da esquerda de ambas as linhas representa o marcador de peso molecular Gene Direx 1kb cuja imagem está colada no lado esquerdo. As linhas 9 na linha 1 e 10 na linha 2 contêm o controlo negativo.

5. Discussão

De acordo com a primeira visita de campo realizada no início de 2014, seguida de uma série de visitas de campo durante 2015 e 2016 na região de Riade, na Arábia Saudita, 87 amostras de pimentão (*C. annuum*) foram positivas através do ensaio RT-PCR para infeção com novas espécies virais, provisoriamente designadas *Pepper leafroll chlorosis virus* (PeLRCV) no género *polerovirus,* família *luteoviridеae*. O número de plantas sintomáticas foi muito elevado nas estufas com muitas ervas daninhas arvenses. A síndrome da doença consistia no amarelecimento inter-veinal e no enrolamento ascendente das lâminas foliares, no encurtamento dos entrenós do caule, no atrofiamento e na malformação dos frutos. O pimentão é geralmente cultivado em estufas, onde a ventilação passiva resulta em humidade e temperatura elevadas no interior da copa das culturas, o que é favorável ao desenvolvimento de uma elevada população de insectos pragas, como pulgões e moscas brancas, após a infestação inicial (Majumdar e Powell, 2011).

De acordo com a versão de 2015 do Comité Internacional de Taxonomia de Vírus (ICTV) (http://ictvonline.org/virusTaxonomy.asp), apenas o BWYV e o PeVYV foram considerados capazes de infetar plantas de pimento (Duffus, 1960, e Yonaha *et al.*, 1995), bem como o PYLCV, que foi recentemente registado no Médio Oriente (Dombrovsky *et al.*, 2010). No entanto, os resultados da gama de hospedeiros encontrados para o PeLRCV neste estudo diferem da gama de hospedeiros registada para outros *polerovírus* (Buzkan *et al.*, 2013; Lecoq *et al.* 1992; Rochow *et al.,* 1987; Smith *et al.*, 2000, e Thomas, 1987). Como outros *polerovírus*, o PeLRCV induz sintomas de amarelecimento no pimentão (Fig. 1; Tabela 16). As observações no terreno revelaram que as plantas infectadas pelo PeLRCV cultivadas em zonas sombreadas das estufas não apresentavam sintomas de amarelecimento e de enrolamento das folhas. Foram registados casos semelhantes para diferentes *polerovírus* e *luteovírus*, sugerindo que a intensidade luminosa elevada desempenha um papel importante na expressão dos sintomas (Rochow e Duffus, 1981).

Curiosamente, todas as amostras que foram positivas para a deteção genérica apresentaram resultados positivos para outro par de iniciadores PVYV-F e PVYV-R (tamanho do amplicon; 240 pb), amplificando uma pequena região da região codificadora P1 e P2 do PeVYV. Embora esta descoberta tenha dado um forte indício da presença de um grupo de *polerovírus* que infectam o pimento (TVDV, PeVYV e PYLCV), não é suficiente para a deteção de um vírus específico. As sequências nucleotídicas obtidas de RdRp genérico, quando analisadas no NCBI, mostraram que as identidades de todos os RdRp alinhados variavam entre 32,3 e 94,5% com diferentes *polerovírus* no GenBank e entre 96,6 e 98,3% entre si. Por outro lado, as sequências nucleotídicas parciais P1 e P1-P2 têm uma identidade entre 86,7 e 95,5 % com a região homóloga do PeVYV registada a nível mundial. No entanto, a identidade entre os isolados da Arábia Saudita situa-se entre 98,8 % e 99,7 %. A baixa percentagem de identidade (86,7 a 95,5 %) com isolados exóticos e a elevada percentagem de identidade entre isolados nativos sugerem fortemente que pode haver uma espécie viral totalmente divergente envolvida no desenvolvimento da doença na Arábia Saudita, onde uma temperatura relativamente mais elevada pode ser um dos possíveis factores desta diversidade.

A análise filogenética revelou uma tendência bastante semelhante, uma vez que os isolados da Arábia Saudita formaram um grupo separado. Na árvore filogenética genérica, todos os isolados sauditas estão estreitamente relacionados com o isolado turco (número de acesso FN600344) (figura 5). No entanto, a árvore filogenética das sequências baseadas no PeVYV mostrou uma relação relativamente próxima com um isolado indonésio (JX427532) (Figura 8). Esta tendência filogenética mostrou que os isolados sauditas têm tendência a divergir menos entre si e a divergir mais dos isolados registados a nível mundial. Isto sugere a natureza endémica desta doença na região. Também realça a localização do agente etiológico nesta parte do mundo.

Para determinar o verdadeiro agente causal da doença, foi obtida a sequenciação do amplicon genérico (isolados 94C e 105D), que revelou uma sequência RdRp do "grupo TVDV" com elevada semelhança (95-98%) com três *polerovírus*, ou seja, TVDV, PeVYV e PYLCV. Esta análise conduziu a uma sequenciação adicional do produto de ~1100 pb (isolado 105D) que vai desde a RdRp até à região codificadora da CP, que revelou diferenças pronunciadas com todos os vírus supramencionados (Kamran *et al.*, 2015). As sequências parciais de aminoácidos dos genes CP e MP apresentaram cerca de 57% e 45% de semelhanças, respetivamente, com as regiões homólogas dos isolados depositados no GenBank (Tabela 10).

O PeLRCV está relacionado com o PeVYV e o PYLCV, mas existe uma baixa percentagem de identidade nos genes CP, MP e CP menor. Este facto apoia fortemente os critérios estabelecidos pelo ICTV para demarcar novas espécies na família *luteoviridae*, segundo os quais é necessária uma diferença de menos de 10% ou mais na sequência de aminoácidos (aa) de qualquer proteína viral para diferenciar espécies de vírus distintas (D'Arcy e Domier, 2005).

Estes resultados orientaram a Sequência de Nova Geração (NGS) do isolado 105D (recolhido na área de Al-Kherj) que produziu um *polerovírus* divergente, ou seja, o PeLRCV, envolvido na síndrome da doença. Além disso, a análise de *novo* do NGS revelou que o PeLRCV tem uma recombinação do tipo *Luffa aphid-born yellows virus* (LABYV) na parte terminal N de P5, em vez do tipo CABYV que todos os outros vírus têm (Knierim *et al.*, 2015). O mapeamento iterativo dos contigs (dados NGS) relacionados com vírus de plantas mostrou que, para além do BPEV, não foi encontrado nenhum outro vírus conhecido na amostra (comunicação pessoal com o Dr. L. Lotos, Universidade Aristóteles de Salónica, Grécia). Por este motivo, presume-se que o PeLRCV seja o agente causal desta doença na Arábia Saudita. Como o BPEV não está envolvido no desenvolvimento de sintomas na planta hospedeira (Okada *et al.*, 2011), o amarelecimento interveinal e os sintomas de enrolamento foliar são resultado da infeção pelo PeLRCV.

Amostras que reagiram positivamente com primers genéricos através de RT-PCR, apresentaram resultados negativos quando os primers específicos utilizados para deteção de PYLCV e BWYV, restringindo a ocorrência desses vírus infectantes de pimentão no desenvolvimento da doença. Estes resultados deram a pista de que pode haver uma espécie viral divergente envolvida na doença do amarelecimento e enrolamento das folhas das plantas de pimento nesta região.

Para resolver esta ambiguidade, foram utilizados dados de NGS para descobrir o agente patogénico viral mais possivelmente envolvido. De acordo com a montagem de *novo* dos dados NGS, a ORF5 era completamente diferente da região homóloga do genoma do resto dos *polerovírus* registados (comunicação pessoal com o Dr. L. Lotos, Universidade Aristóteles de Salónica, Grécia). A proteína da capa menor (CPm) do vírus foi selecionada para a conceção de um par de iniciadores específicos (ORF5-Up e ORF5-Down; tamanho do amplicon ~ 693 pb) para a deteção da nova espécie viral proposta, ou seja, o PeLRCV. A aplicação destes primers na RT-PCR resultou na amplificação da região-alvo do CPm em todas as amostras que foram positivas para a deteção genérica. Estes resultados sugerem de forma abrangente o envolvimento do PeLRCV (sugerido provisoriamente como uma nova espécie de *polerovírus*) neste dilema.

Embora tenha sido observada uma elevada percentagem de plantas sintomáticas nas estufas, os afídeos raramente foram observados nas folhas das plantas infectadas durante as nossas visitas. Isto pode ser atribuído à pulverização frequente de inseticida e/ou à temperatura elevada durante a fase mais tardia da cultura. Pode especular-se que o vírus pode já ter sido transmitido pelo pulgão vetor durante a fase inicial da cultura. Estão ainda por estudar outros meios possíveis de propagação natural e de dessazonalização do PeLRCV. *D. stramonium* e *S. nigrum*, identificados como hospedeiros experimentais do PeLRCV (quadro 16), são infestantes arvenses comuns na Arábia Saudita e podem desempenhar um papel importante na epidemiologia deste vírus. As outras infestantes selvagens também podem albergar o vírus na época baixa do pimentão cultivado.

Sabe-se que o PeLRCV é transmitido com êxito por *A. gossypii* em condições de estufa, que é bem conhecido pela sua vasta gama de hospedeiros. O PeLRCV parece estar limitado a um número relativamente baixo de espécies de plantas. A sua gama de hospedeiros é mais vasta do que a do PeVYV e mais restrita do que a do PYLCV. O PeLRCV pode infetar *C. annuum, C. amaranticolor, C. melo, D. stramonium* e *S. nigrum*. No entanto, a gama de hospedeiros do PeVYV consiste apenas em *C. annuum* e *S. nigrum* (Yonaha *et al.*, 1995 e Knierim *et al.*, 2013). O PYLCV, no entanto, pode infetar *C. annuum, C. amaranticolor, C. pepo, D. stramonium, G. glubosa, N. banthamiana, N. clevelandii, P. hybrida* e *P. floridana* (Dombrovsky *et al.*, 2010).

S. nigrum é um hospedeiro comum tanto para o PeLRCV como para o PeVYV, mas ambos os vírus diferem na expressão dos sintomas, uma vez que o PeVYV produz folhas pequenas e bronzeadas, enquanto o PeLRCV induz mosaico interveinal na mesma planta hospedeira. Por outro lado, tanto o PeLRCV como o PYLCV podem infetar *C. amaranticolor*, não induzindo sintomas e produzindo amarelecimento e pequenas lesões locais, respetivamente. No entanto, *D. stramonium* produz um ligeiro amarelecimento interveinal quando infetado por ambos os vírus. Além disso, o PYLCV infecta *C, pepo* e *P. hybrida* induzindo sintomas de amarelecimento, enquanto o PeLRCV não foi capaz de infetar *C, pepo* e *P. hybrid.* Da mesma forma, o PeLRCV tem distinção para infetar *C. melo* induzindo sintomas de amarelecimento e mosaico, que não é relatado antes como hospedeiro para PeVYV ou PYLCV. No entanto, *o C. annuum* serviu de hospedeiro de propagação para todos os *polerovírus* que infectam o pimento acima mencionados.

Este estudo centrou-se na doença do amarelecimento do pimento que revelou o envolvimento de uma nova espécie de *polerovírus* (PeLRCV). Determinámos experimentalmente a natureza persistente da transmissão deste vírus por afídeos. Deste modo, será possível compreender melhor esta nova doença na região de Riade. Este trabalho pode ser alargado para determinar a sua presença noutras zonas agrícolas importantes da Arábia Saudita.

Este estudo conduzirá a uma melhor gestão da doença através do controlo do vetor (*A. gossypii*) para limitar a propagação da doença. Isto pode ser conseguido através da pulverização de insecticidas recomendada em intervalos e fases adequados da cultura. Como a fase inicial da cultura é crucial para a infestação de afídeos e a transmissão do vírus, a data de sementeira pode ser alterada para evitar a doença, perturbando o ciclo de vida do afídeo vetor. *Uma* vez que *o A. gossypii* é polifágico com uma vasta gama de hospedeiros, a erradicação de ervas daninhas arvenses deve ser praticada para evitar que os afídeos possam albergar-se. O estudo futuro da gama de hospedeiros naturais permitirá uma melhor compreensão do reservatório natural sob a forma de ervas daninhas. Além disso, as outras espécies de afídeos frequentemente encontradas (*M. persicae* e *A. fabae*) também devem ser testadas para a transmissão do vírus num estudo mais aprofundado. O estudo de três anos realizado durante 2014-2016 revelou a natureza endémica da doença, que prevê um grande constrangimento da produção de pimentão e uma ampla disseminação nos próximos anos. Assim, é inevitável selecionar cultivares locais resistentes à infeção pelo PeLRCV e este estudo desempenhará um papel vital a este respeito.

5.1 Conclusões

- Um total de 128 amostras de pimentão foram testadas aleatoriamente por RT-PCR, das quais 87 foram positivas para a infeção pelo PeLRCV, revelando a elevada percentagem de doença que indica o elevado potencial de danos do PeLRCV no pimentão.

- O PeLRCV causa: amarelecimento interveinal, enrolamento foliar, atrofiamento, encurtamento dos entrenós e malformação dos frutos em *C. annuum*.

- A existência da doença em três anos subsequentes (2014-2016) torna-a endémica nesta região.

- Está provado que o PeLRCV é transmitido por, pelo menos, uma espécie de afídeo, ou seja, *A. gossypii*.

- Foi detectada pela primeira vez a infeção de *C. melo* por um grupo de *polerovírus* que infecta o pimento, uma vez que não existe nenhum relato deste tipo na literatura.

- *O C. melo* é registado pela primeira vez como planta hospedeira distinta entre o PeLRCV e os vírus anteriormente registados, ou seja, o PeVYV e o PYLCV.

- *D. stramonium* e *S. nigrum* podem servir como reservatório natural do PeLRCV na ausência da planta hospedeira cultivada, ou seja, *C. annuum*.

- Neste estudo, a Sequência de Nova Geração (NGS) revelou que um membro altamente divergente do género *polerovírus,* putativamente pertencente a uma nova espécie viral (PeLRCV), está associado ao desenvolvimento da doença do amarelecimento e do enrolamento foliar do pimentão na região de Riade, na Arábia Saudita.

- A sequência parcial do genoma da região da proteína do revestimento menor do PeLRCV mostrou uma elevada semelhança (99,7-100%) entre todos os isolados sauditas, o que indica que não existe diversidade no genoma viral nesta região específica.

5.2 Recomendações

- Devem ser efectuados estudos de campo em maior escala para determinar a propagação da doença noutras zonas da Arábia Saudita.

- Para uma melhor compreensão da etiologia desta nova doença, deve ser determinada a gama de hospedeiros naturais do PeLRCV, a fim de conhecer melhor o excesso de sazonalidade do vírus.

- A gestão da doença pode ser conseguida através do controlo da propagação do pulgão vetor através da aplicação de insecticidas na fase inicial da cultura.

- As boas práticas culturais e a erradicação das ervas daninhas arvenses reduzirão a existência da doença.

- Devem ser efectuados estudos sobre a gama de hospedeiros utilizando *M. persicae* e *A. fabae*, uma vez que estes também foram encontrados nas proximidades das estufas visitadas e têm uma vasta gama de hospedeiros.

- Rastreio de cultivares de pimento cultivadas comercialmente contra a infeção pelo PeLRCV para determinar as suas reacções à infeção.

- Deveria existir uma legislação adequada para controlar o transporte de plântulas de pimentão em viveiro, a fim de evitar a propagação de vectores e vírus para zonas distantes da Arábia Saudita.

6. Referências

Al-Abrahim, J. S. (2014). Isolamento do *vírus do mosaico da alfafa* de quatro cultivares de pimenta em Riyadh KSA usando a técnica RAPD-PCR. *Jornal de Ciência Americana* 9, 446-451.

Alonso, E., Garcia-Luque, I., De la Cruz, A., Wicke, B., Avila-Rincon, M. J., Serra, M. T., Castresana, C. & Diaz-Ruiz, J. R. (1991). Nucleotide sequence of the genomic RNA of *Pepper mild mottle virus*, a resistance-breaking *tobamovirus* in pepper. *The Journal of general virology*, *72*, 2875-2884.

Al-Saleh, M. A., Al-Shahwan, I., Amer, M. A., Shakeel, M. T., Kamran, A., Xanthis, C., Orfanidou, C. e Katis, N. I. (2015). Primeiro relatório do *vírus do amarelo transmitido por pulgões de cucurbitáceas* em culturas de cucurbitáceas na Arábia Saudita, *Plant Disease*, 99, 894-894.

Al-Shahwan, I. M, A. M. A. Anaam & Abdalla, O. A. (2007). Avaliação de cultivares de pimentão cultivadas em estufa à infeção com um isolado do *vírus do mosaico da alfafa* (AMV) na Arábia Saudita. Res. Bult., No. (151), Food Sci. & Agric. Res. Center, King Saud Univ.5- 28.

Antignus, Y., Lachman, O., Pearlsman, M., & Ucko, O. (2001). Uma nova doença do amarelecimento do pimentão causada por um *Luteovírus* não identificado. *Phytoparasitica* 29, 255.

Antignus, Y., Lachman, O., Pearlsman, M., & Ucko, O. (2003). Uma nova virose da cultura do pimento em Israel causada por um *Luteovirus* (abstr.). *Z Pflanzenkrankh,* 110- 89.

Ashoub, A., Rohde, W., & Prüfer, D. (1998). A transcrição in planta de um segundo RNA subgenómico aumenta a complexidade do genoma do *luteovírus* do subgrupo 2. *Nucleic acids research*, 26, 420-426.

Barker, H., & Harrison, B. D. (1985). Multiplicação restrita do *Potato leafroll virus* em genótipos de batata resistentes. *Annals of Applied Biology* 107, 205-212.

Brault, V., Périgon, S., Reinbold, C., Erdinger, M., Scheidecker, D., Herrbach, E., Richards, K., & Ziegler-Graff, V. (2005). A proteína do capsídeo menor *do polerovírus* determina a especificidade do vetor e o tropismo intestinal no pulgão. *Journal of Virology 79*, 9685-9693.

Brault, V., Van den Heuvel, J. F., Verbeek, M., Ziegler-Graff, V., Reutenauer, A., Herrbach, E., Garaud, JvC., Guilley, H., Richards, K., & Jonard, G. (1995). A transmissão por afídeos do *Beet Western yellows luteovirus* requer a proteína de leitura do capsídeo menor P74. *The EMBO journal, 14*, 650-659.

Brown, C. M., Dinesh-Kumar, S. P., & Miller, W. A. (1996). São necessárias sequências locais e distantes para uma leitura eficiente do códão de paragem do gene da proteína do revestimento PAV do *vírus do nanismo amarelo da cevada. Journal of virology*, *70*, 5884-5892.

Buzkan, N., Arpaci, B. B., Simon, V., Fakhfakh, H., & Moury, B. (2013) Elevada prevalência de *polerovírus* em pimentos cultivados no campo na Turquia e na Tunísia. *Archives of virology, 158*, 881-885.

Chay, C. A., Gunasinge, U. B., Dinesh-Kumar, S. P., Miller, W. A., & GRAY, S. M. (1996). Os determinantes da transmissão por afídeos e da infeção sistémica das plantas do *Barley yellow dwarf luteovirus-PAV* estão contidos no domínio de leitura da proteína do revestimento e na proteína de 17 kDa, respetivamente. *Virologia, 219*, 57-65.

D'Arcy, C.J., & Domier, L.L. (2005). *Luteoviridae*. In: Fauquet, C.M., Mayo, M.A., Maniloff, J., Desselberger, U., Ball, L.A., eds. Virus Taxonomy, VIIIth Report of the ICTV. Londres, Reino Unido: Elsevier */Academic Press,* 891-900.

Delfosse, V. C., Casse, M. F., Agrofoglio, Y. C., Kresic, I. B., Hopp, H. E., Ziegler-Graff, V., & Distéfano, A. J. (2013). A agroinoculação de um clone de cDNA completo do *Cotton leafroll dwarf virus* (CLRDV) resulta em infeção sistêmica no algodão e na planta modelo *Nicotiana benthamiana. Virus research* 175, 64-70.

Delgado-Vargas, F., & Paredes-López, O. (2002). Natural colorants for food and nutraceutical uses. Boca Raton, Flórida: CRC Press, 257-305.

Doll, R. (1990). An overview of the epidemiological evidence linking diet and cancer. *Actas da Sociedade de Nutrição* 49, 119-131.

Dombrovsky, A., Glanz, E., Lachman, O., Sela, N., Doron-Faigenboim, A., & Antignus, Y. (2013). A sequência genômica completa do *vírus Pepper yellow leaf curl* (PYLCV) e suas implicações para nossa compreensão da dinâmica da evolução no gênero *Polerovirus*. *PloS one 8*, e70722.

Dombrovsky, A., Glanz, E., Pearlsman, M., Lachman, O., & Antignus, Y. (2010). Caracterização do *Pepper yellow leaf curl virus*, uma nova espécie experimental de *polerovírus* que causa uma doença amarelada da pimenta. *Phytoparasitica* 38, 477-486.

Duffus, J. E. (1960). Radish yellows, uma doença do rabanete, da beterraba sacarina e de outras culturas. *Phytopathology*, 50, 389-394.

Fernandez, M. D., Gallardo, M., Bonachela, S., Orgaz, F., Thompson, R. B., & Fereres, E. (2005). Utilização da água e produção de uma cultura de pimento em estufa com um abastecimento de água ótimo e limitado. *Journal of Horticultural Science and Biotechnology* 80, 87-96.

Filichkin, S. A., Brumfield, S., Filichkin, T. P., & Young, M. J. (1997). Interações *in vitro* da chaperonina SymL endossimbiótica do afídeo com o *vírus do nanismo amarelo da cevada. Journal of virology*, 71, 569-577.

Frank, C. A., Nelson, R. G., Simonne, E. H., Behe, B. K., & Simonne, A. H. (2001). Consumer preferences for color, price, and vitamin C content of bell peppers. *HortScience*, 36, 795-800.

Garret, A., Kerlan, C., & Thomas, D. (1993). O intestino é um local de passagem do *Potato leafroll virus* do lúmen do intestino para a hemocele no pulgão vetor, *Myzus persicae* Sulz. *Archives of virology*, 131, 377-392.

Garret, A., Kerlan, C., & Thomas, D. (1996). Estudo ultra-estrutural da aquisição e retenção do *Potato leafroll luteovirus* no canal alimentar do seu pulgão vetor, *Myzus persicae* Sulz. *Archives of virology*, 141, 1279-1292.

Gildow, F. E. (1999). Transmissão *de Luteovírus* e mecanismos que regulam a especificidade do vetor, p. 88-113. Em H. G. Smith e H. Barker (ed.), The *Luteoviridae.* CAB International, Oxon, Reino Unido.

Gildow, F. E., & Gray, S. M. (1993). A lâmina basal da glândula salivar do pulgão como barreira selectiva associada à transmissão específica do vetor do *luteovírus do anão amarelo da cevada. Phytopathology*, 83, 1293-1302.

Gingery, R. E. (1988). O grupo do vírus da risca do arroz. In: *Os vírus das plantas*, 297-329. Springer, EUA.

Gniffke, P. A., Shieh, S. C., Lin, S. W., Sheu, Z. M., Chen, J. R., Ho, F. I., & Schafleitner, R.

(2013). Investigação e melhoramento de pimento no AVRDC-Centro Mundial de Vegetais. In XVEUCARPIA meeting on genetics and breeding of *Capsicum* and eggplant, 2-4 de setembro de 2013, Turim, Itália, 305-311.

Gray, S., & Gildow, F. E. (2003). *Luteovirus-Aphid* Interactions. *Revisão anual de fitopatologia* 41, 539-566.

Greenleaf, W. H. (1986). Pepper breeding. p. 67-134 In: Breeding Vegetable Crops. M. J. Bassett, ed. AVI Publishing Co. Inc., Westport, Connecticut. 584 p.

Guilley, H., Wipf-Scheibel, C., Richards, K., Lecoq, H., & Jonard, G. (1994). Nucleotide sequence of *Cucurbit aphid-borne yellows luteovirus*. *Virology,202*, 1012-1017.

Gunn, L. V., & Pares, R. D. (1990). Capsicum Yellows-A Disease Induced by a *Luteovirus* in Glasshouse Peppers (*Capsicum annuum*) in Australia. *Journal of Phytopathology*, 129, 210-216.

Hogenhout, S. A., Ammar, E. D., Whitfield, A. E., & Redinbaugh, M. G. (2008). Interações entre insectos vectores e vírus transmitidos de forma persistente. *Revisão Anual de Fitopatologia.* 46, 327-359.

Howard, L. R., Smith, R. T., Wagner, A. B., Villalon, B., & Burns, E. E. (1994). Teor de provitamina A e ácido ascórbico em cultivares de pimento fresco (*Capsicum annuum*) e jalapenos processados. *Journal of Food Science* 59, 362-365.

Ibiza, V. P., Blanca, J., Canizares, J., & Nuez, F. (2012). Taxonomia e diversidade genética de espécies domesticadas de *Capsicum* na região andina. *Genetic resources and crop evolution*, 59, 1077-1088.

Janick, J. 1986. Horticultural Science. Freeman, W. H., and Company, EUA. 656.

Johansen, L. K., & Carrington, J. C. (2001). Silenciamento na Indução e Supressão de Silenciamento de RNA no Sistema de Expressão Transiente Mediado por Agrobacterium. *Plant Physiology,* 126, 930-938.

Kamran, A., Lotos, L., Al-Saleh, M.A., Amer, M., Shakeel, M.T., Al- Shahwan, I.M., Katis, N.I., & Maliogka, V.I. (2015). A Divergent *polerovirus* Associated with Pepper Yellowing in Saudi Arabia, Poster apresentado na 5th Conferência do Grupo de Trabalho Internacional sobre Vírus de Leguminosas e Hortaliças, Haarlem, Países Baixos, 30 de agosto-setembro, 03.

Katis, N.I., Tsitsipis, J.A., Stevens, M., & Powell, G. (2007). Transmissão de vírus de plantas. In: van Enden, H.F., Harrington, R. (Eds.), Aphids as Crop Pests. CAB International, Wallingford, pp. 353-390.

Kennedy, J. S., Day, M. F., & Eastop, V. F. (1962). A conspectus of aphids as vectors of plant viruses. In: *A conspectus of aphids as vectors of plant viruses,* Commonw. Inst. Ent., Londres.

Kenyon, L., Kumar, S., Tsai, W., & Hughes, J. (2014). Doenças virais do pimentão (*Capsicum* spp.) e seu controlo. *Avanços na investigação sobre vírus* 90, 297-354.

King, A. M., Adams, M. J., Lefkowitz, E. J., & Carstens, E. B. (Eds.). (2012). Taxonomia de vírus: classificação e nomenclatura de vírus: *Nono Relatório do Comité Internacional de Taxonomia de Vírus*,9, Elsevier.

Klein, E., Brault, V., Klein, D., Weyens, G., Lefèbvre, M., Ziegler-Graff, V., & Gilmer, D. (2014). Divergência da gama de hospedeiros e propriedades biológicas entre o isolado natural e o clone de cDNA infecioso completo do *Beet mild yellowing virus* 2ITB. *Patologia molecular de plantas,* 15, 22-30.

Knierim, D., Maiss, E., Kenyon, L., Winter, S., & Menzel, W. (2015). A primeira sequência do genoma completo do *polerovírus luffa aphid-borne yellows virus* (LABYV) revela a presença de pelo menos duas sequências de consenso em um isolado da Tailândia. *Arquivos de virologia*, 160, 2633-2636.

Knierim, D., Tsai, W. S., & Kenyon, L. (2013). A análise de sequências de amostras de campo revela a presença do *vírus Pepper vein Yellows* recentemente descrito (género *polerovírus*) em seis países adicionais. *Archives of Virology,* 158, 1337-1341.

Koonin, E. V., Dolja, V. V., & Morris, T. J. (1993). Evolução e taxonomia de vírus de ARN de cadeia positiva: implicações da análise comparativa de sequências de aminoácidos. *Critical reviews in biochemistry and molecular biology*, 28, 375-430.

Kozlowska-Makulska, A., Guilley, H., Szyndel, M. S., Beuve, M., Lemaire, O., Herrbach, E., & Bouzoubaa, S. (2010). As proteínas P0 dos *polerovírus* europeus que infectam a beterraba apresentam uma atividade variável de supressão do silenciamento do ARN. *Journal of general virology*, 91, 10821091.

Lecoq, H., Bourdin, D., Wipf-Scheibel, C., Bon, M., Lot, H., Lemaire, O., & Herrbach, E. (1992). A new yellowing disease of cucurbits caused by a *luteovirus, Cucurbit aphid- borne yellows virus. Plant Pathology*, 41, 749-761.

Lee, L., Kaplan, I. B., Ripoll, D. R., Liang, D., Palukaitis, P., & Gray, S. M. (2005). A surface loop of the *Potato leafroll virus* coat protein is involved in virion assembly, systemic movement, and aphid transmission. *Journal of virology*, 79, 1207-1214.

Leiser, R. M., Ziegler-Graff, V., Reutenauer, A., Herrbach, E., Lemaire, O., Guilley, H., Richards, K. & Jonard, G. (1992). Agroinfecção como alternativa aos insectos para infetar plantas com *Beet western yellows luteovirus*. *Proceedings of the National Academy of Sciences,* 89, 9136-9140.

Liu, S., Bonning, B. C., & Miller, W. A. (2006). Um método simples de incorporação de cera para isolamento da hemolinfa de pulgões para deteção de *luteovírus* na hemocele. *Journal of virological methods*, 132, 174-180.

Liu, S., Sivakumar, S., Sparks, W. O., Miller, W. A., & Bonning, B. C. (2010). Um peptídeo que se liga ao intestino do pulgão da ervilha impede a entrada do *vírus do mosaico da enação da ervilha* na hemocele do pulgão. *Virologia*, 401, 107-116.

Lotos, L., Efthimiou, K., Maliogka, V. I., & Katis, N. I. (2014). Deteção genérica de *polerovírus* usando um ensaio RT-PCR visando a sequência de codificação RdRp. *Journal of Virological Methods,* 198, 1-11.

Majumdar, A., & Powell, M. (2011). Produção de vegetais em casa de rede: Sucessos e desafios da gestão de pragas. *Journal of the NACAA*, 4, 1-7.

Martin, R. R., Keese, P., Young, M. J., Waterhouse, P. M., e Gerlach, W. L. 1990. Evolução e biologia molecular dos *luteovírus*. *Annu. Rev. Phytopathol*, 28, 341-363.

Materska, M., & Perucka, I. (2005). Antioxidant activity of the main phenolic compounds isolated from hot pepper fruit (*Capsicum annuum* L.). *Journal of Agricultural and Food Chemistry,* 53, 1750-1756.

Mayo, M. A, & Miller, W. A, (1999). A estrutura e expressão dos genomas *de luteovírus*. In: Smith HG, Baker H, eds. The *Luteoviridae.* Wallingford, Reino Unido: CAB International, 2343.

Mayo, M. A., & d'Arcy, C. J. (1999). Family *Luteoviridae*: a reclassification of *luteoviruses*. *The Luteoviridae*, 15-22.

Mayo, M. A., & Ziegler-Graff, V. (1996). Molecular biology of *luteoviruses*. *Advances in virus research,* 46, 413-460.

Mayo, M., Ryabov, E., Fraser, G., & Taliansky, M. (2000). Transmissão mecânica do *Potato Leafroll Virus*. *Journal of General Virology,* 81, 2791-2795.

McLeod, M.J., Guttman, S.I. & Eshbaugh, W.H. (1982). Evolução inicial das pimentas (*Capsicum*). Econ. Bot. 36:361-368.

Miller, W. A., Dinesh-Kumar, S. P., & Paul, C. P. (1995). *Luteovirus* gene expression. *Critical Reviews in plant sciences*, *14*, 179-211.

Miller, W. A., Liu, S., & Beckett, R. (2002). *Barley yellow dwarf virus*: *Luteoviridae* ou *Tombusviridae*? *Molecular Plant Pathology*, *3*, 177-183.

Ministério da Agricultura, Anuário Estatístico da Agricultura. Volume 27, (2014). Assuntos de Investigação e Desenvolvimento Agrícola, Departamento de Estudos Económicos e Estatística, Arábia Saudita.

Mo, X. H., Chen, Z. B., & Chen, J. P. (2010). Sequência completa de nucleótidos e organização do genoma de um isolado chinês do *Tobacco vein distorting virus*. *Virus genes*, *41*, 425431.

Moury, B., & Verdin, E. (2012). Vírus de culturas de pimenta na bacia do Mediterrâneo: uma estase notável. *Advance Virus Research,* 84, 127-162.

Murakami, R., Nakashima, N., Hinomoto, N., Kawano, S., & Toyosato, T. (2011). A sequência do genoma do *vírus Pepper vein Yellows* (família *Luteoviridae*, género *polerovírus*). *Arquivos de Virologia,* 156, 921-923.

Mutterer, J. D., Stussi-Garaud, C., Michler, P., Richards, K. E., Jonard, G., & Ziegler-Graff, V. (1999). Role of the *Beet western yellows virus* readthrough protein in virus movement in *Nicotiana clevelandii*. *Journal of general virology*, *80*(10), 2771-2778.

Nault, L. R. (1997). Transmissão de vírus de plantas por artrópodes: uma nova síntese. *Annals of the*

Entomological Society of America, 90, 521-541.

Nault, L. R., & Ammar, E. D. (1989). Leafhopper and planthopper transmission of plant viruses. *Revisão anual de entomologia, 34*, 503-529.

Okada, R., Kiyota, E., Sabanadzovic, S., Moriyama, H., Fukuhara, T., Saha, P., Roossinck, M.J., Severin, A., & Valverde, R. A. (2011). *Endornavírus do pimentão*: propriedades moleculares e biológicas, e ocorrência no género *Capsicum*. *Journal of general virology*, 92, 2664-2673.

Pallâs, V., Màs, P., & Sànchez-Navarro, J. A. (1998). Deteção de vírus de RNA de plantas por hibridação dot-blot não isotópica. In: Plant Virology Protocols. Humana Press. 461-468.

Patil, V. C., Al-Gaadi, K. A., Wahb-Allah, M. A., Saleh, A. M., Marey, S. A., Samdani, M. S., & Abbas, M. E. (2014). Uso de água salina para produção de pimentão em estufa (*Capsicum annuum*). *American Journal of Agricultural and Biological Sciences,* 9, 208217.

Pernezny, K., Roberts, P. D., Murphy, J. F., & Goldberg, N. P. (2003). Compêndio de doenças do pimentão. *American Phytopathological Society* (APS Press).

Peter, K. A., *Gildow*, F., Palukaitis, P., & Gray, S. M. (2009). O terminal C do domínio de leitura do polerovírus p5 limita a infeção do vírus ao floema. *Journal of virology*, *83*, 5419-5429.

Pitt, J. J. (2009). Princípios e aplicações da cromatografia líquida-espetrometria de massa em bioquímica clínica. *The Clinical Biochemist Reviews*, *30*, 19-34.

Power, A.G., Gray, S.M., 1995. Aphid transmission of *Barley yellow dwarf viruses*: interactions between viruses, vectors, and host plants. In: D'Arcy, C.J., Burnett, P.A. (Eds.), *Barley Yellow Dwarf:* 40 Years of Progress. APS Press, St. Paul, Minnesota, 259-291.

Prüfer, D., WIPF-SCHEIBEL, C., Richards, K., Guilley, H., Lecoq, H., & Jonard, G. (1995). Síntese de um clone de cDNA infecioso completo do *vírus do amarelo transmitido por pulgão de Cucurbit* e sua utilização em experiências de troca de genes com proteínas estruturais de outros *luteovírus*. *Virologia,* 214, 150-158.

Rochow, W. F., & Duffus, J. E. (1981). *Luteovírus* e doenças do amarelo. In: *Handbook of plant virus infections and comparative diagnosis*. (eds.) Krustak, E. 147-170. Amesterdão, Países Baixos: Elsevier/North-Holland Biochemical.

Rochow, W. F., Sward, R. J., & Waterhouse, P. M. (1987). *Barley yellow dwarf luteovirus*. Em *Viruses of plants*. (eds.) Brunt, A. A., K. Crabtree, Dallwitz, M. J., Gibbs, A. J. & Watson, L. 162-167. Wallingford, Reino Unido: CAB International.

Sambrook, J. & Russel, D. (2001). Molecular Cloning: A Laboratory Manual. 3rd ed. Volume 1. Cold Spring Harbor Laboratory Press. Nova Iorque - EUA.

Schmitz, J., Stussi-Garaud, C., Tacke, E., Prüfer, D., Rohde, W., & Rohfritsch, O. (1997). Localização *in situ* da proteína de movimento putativa (pr17) do *Potato Leafroll Luteovirus* (PLRV) em plantas de batata infectadas e transgénicas. *Virologia*, *235*, 311-322.

Shetty, K. (2004). Role of proline-linked pentose phosphate pathway in biosynthesis of plant phenolics for functional food and environmental applications: a review. *Process Biochemistry,* 39, 789-804.

Simonne, A. H., Simonne, E. H., Eitenmiller, R. R., Mills, H. A., & Green, N. R. (1997). Conteúdo de ácido ascórbico e provitamina A em pimentões de cor incomum (*Capsicum annuum* L.). *Journal of Food Composition and Analysis,* 10, 299-311.

Smith, G. R., Borg, Z., Lockhart, B. E. L., Braithwaite, K. S., & Gibbs, M. J. (2000). *Sugarcane yellow leaf virus*: um novo membro dos *Luteoviridae* que provavelmente surgiu por recombinação interespécies. *Journal of General Virology*, 81, 1865-1869.

Stephan, D., & Maiss, E. (2006). Biological properties of *Beet mild yellowing virus* derived from a full-length cDNA clone. *Journal of general virology,* 87, 445-449.

Stevens, M., & Viganó, F. (2007). Produção de um clone infecioso completo de cDNA marcado com GFP do *Beet mild yellowing virus* para o estudo das interações *planta-polerovírus*. *Virus genes,* 34, 215-221.

Sylvester, E. S. (1980). Circulative and propagative virus transmission by aphids. *Revisão anual de entomologia*, *25*, 257-286.

Thomas, J. E. (1987). *Potato leafroll luteovirus*. *Viruses of plants*. (eds.) Brunt, A. A., K. Crabtree, Dallwitz, M. J., Gibbs, A. J. & Watson, L. 1014-1018. Wallingford, Reino Unido: CAB International.

Van Den Heuvel, J. F. J. M. (1999). Fate of a *luteovirus* in the haemolymph of an aphid, p. 112119. Em H. G. Smith e H. Barker (ed.), The *Luteoviridae*. CAB International, Oxon, Reino Unido.

Van den Heuvel, J. F., Bruyere, A., Hogenhout, S. A., Ziegler-Graff, V., Brault, V., Verbeek, M., van der Wilk, F., & Richards, K. (1997). A região N-terminal do domínio de leitura *do luteovírus* determina a ligação do vírus ao Buchnera GroEL e é essencial para a persistência do vírus no afídeo. *Journal of Virology*, *71*, 7258-7265.

Van der Wilk, F., Verbeek, M., Dullemans, A. M., & Van den Heuvel, J. F. J. M. (1997). A proteína ligada ao genoma do *vírus do enrolamento da folha da batata* está localizada a jusante do domínio da protease putativa do produto ORF1. *Virologia,* 234, 300-303.

Veidt, I., Bouzoubaa, S. E., Leiser, R. M., Ziegler-Graff, V. A., Guilley, H., Richards, K., & Jonard, G. (1992). Síntese de transcrições completas do RNA *do vírus do amarelo ocidental da beterraba*:

propriedades do mensageiro e atividade biológica em protoplastos. *Virologia,* 186, 192-200.

Villanueva, F., Castillo, P., Font, M. I., Alfaro-Fernàndez, A., Moriones, E., & Navas-Castillo, J. (2013). Primeiro relatório do *vírus do amarelo da veia da pimenta* infectando pimentão na Espanha. *Plant Disease,* 97, 1261 (Abst.).

Walkey, D. G. A. (1991). Virologia vegetal aplicada. Ed. 2, Chapman and Hall.

Watson, M. A., & Roberts, F. M. (1939). A comparative study of the transmission of *Hyoscyamus virus 3*, *Potato virus Y* and *Cucumber virus 1* by the vectors *Myzus persicae* (Sulz), *M. circumflexus* (Buckton), and *Macrosiphum gei* (Koch). *Actas da Sociedade Real de Londres. Série B, Ciências Biológicas*, 543-576.

Webster, K. D., & Barker, H. (1998). Deteção e quantificação de RNA transcrito em plantas transgénicas utilizando sondas de cDNA marcadas com digoxigenina. Em Plant Virology Protocols. Humana Press. 437-445.

Yonaha, T., Toyosato, T., Kawano, S., & Osaki, T. (1995). *Pepper vein Yellows Virus*, um novo *luteovírus* de plantas de pimentão no Japão. *Annals of The Phytopathological Society of Japan,* 61, 178-184.

Yoon, J. Y., Choi, S. K., Palukaitis, P., & Gray, S. M. (2011). Infeção *mediada por Agrobacterium* de plantas inteiras por vírus do anão amarelo. *Virus research,* 160, 428-434.

Zhang, X. Y., Dong, S. W., Xiang, H. Y., Chen, X. R., Li, D. W., Yu, J. L., & Han, C. G. (2014). Desenvolvimento de três clones de cDNA infecciosos completos de genótipos distintos *do vírus Brassica yellows* para inoculação *mediada por Agrobacterium. Pesquisa de vírus,* 197, 13-16.

7. Apêndices

7.1 Apêndice 1: Sequência parcial do genoma de RdRp com iniciadores genéricos

Pol-26-SA (Accession # KY401684)

```
ttgactgact ctagggcatg atcttccatc gccatggccc attcagcccc acaatggtag
gttgccataa ctcggatcct tgaattagag ctacttgtgt tgtatctacc ggacttttga
acgccaggga ccctttgggc gaggagtgta ccatcgctca aacacaggac actgttgcaa
atgcacttta accacgcaga tcgtagcttc tctgttgtgg gattgaggtc cagtgtgagt
ttgttgcgga cgaccatatc gtcgtgtaac atccattccg caacgctcca gtcaaagccg
gagcaatcag tcggcacaag gtacttcttc cacgaggtaa tcaattcctc cggtggaact
tccacttgcg cggccagagc ttgtacgaac tccagaactt gctcatccgt agacaagcca
aaaccgggtt ttgagggatt tgccctccaa agagcgattt ctcgcttgtt ctggttttga
aacagaaccc gggctaccaa ttgatctact agggaaacgc tcatgatgag gcg
```

Pol-31-SA (Accession # KY401690)

```
ttgatgactc gagggcgtca tctcccatcg ccatggccca gtcagcccca caatggtagg
cagccataac tcggatccta gaattggagc tacttgtgtt gtagctaccg gacttttgaa
cgccggggac cctttgggcg aggagtgtgc catcgctcaa acacaggaca ctgttgcaaa
tacattttaa ccacgcagat cgtagcttct ctgttgtggg attgaggtcc agtgtgagtt
tgttgcggac gaccatatcg tcgtgtagca tccattccgc aacgctccag tcaaagccgg
agcaatcagt cggcacaagg tacttcttcc acgaggtaat caattcttcc ggtggaactt
ccacttgcgc ggccagagct tgtacgaact ccagcacttg ctcatccgta gacaagccaa
aaccgggttt tgagggattt gccctccaaa gagcgatttc tcgcttgttc tgattttgaa
acagaacccg ggctaccaat tgatctacta gggaaacgct catgatgagg cgt
```

Pol-38-SA (Accession # KY401685)

```
ttgactgact cgagggcgtc atctcccatc gccatggccc agtcagcccc acaatggtag
gcagccataa ctcggatcct tgaattagag ctacttgtgt tgtagctacc ggacttttga
acgccaggga ccctttgggc gaggagtgtg ccatcgctca aacacaggac actgttgcaa
atgcatttta accacgcaga tcgtagcttt tctgttgtgg gattaaggtc cagtgtgagt
ttgttgcgga cgaccatgtc gtcgtgtagc atccattccg caacgctcca atcaaagccg
gagcaatcag tcggcacaag gtacttcttc cacgaggtaa tcaattcctc cggtggaact
tccacttgcg cggccagagc ttgtacgaac tccagaactt gctcatccgt agacaagcca
aaaccgggtt ttgagggatt tgccctccaa agagcgattt ctcgcttgtt ctgattttga
aacagaaccc gggctaccaa ttgatctact agggaaacgc tcatgatgag gcg
```

Pol-62-SA (Accession # KY401686)

```
tgactcgagg gcgtcatccc ccatcgccat ggcccagtca gccccacaat ggtaggcagc
cataactcgg atccttgaat tagagctact tgtgttgtag ctaccggact tttgaacgcc
agggaccctt tgggcgagga gtgtgccatc gctcaaacac aggacactgt tgcaaatgca
ttttaaccac gcagatcgta gcttctctgt tgtggaattg aggtccagtg tgagtttgtt
gcggacgacc aaatcgtcgt gtagcatcca ttccgcaacg ctccagtcaa agccggagca
atcagtcggc acaaggtact tcttccacga ggtaatcaat tcctccggcg gaacttccac
ttgcgcggcc agagcttgta cgaactccat aacttgctca tccgtagaca agccaaaacc
```

```
gggttttgag ggatttgccc tccaaagagc gatttctcgc ttgttctggt tttgaaacag
aacccgggct accaattgat ctactaggga aacgctcatg atgaggcg
```

Pol-67-SA (Accession # KY401687)

```
ttgactgact cgagggcgtc atcccccatc gccatggccc agtcagcccc acaatggtag
gcagccataa ctcggatcct tgaattagag ctacttgtgt tgtagctacc ggacttttga
acgccaggga ccctttgggc gaggagtgtg ccatcgctca aacacaggac actgttgcaa
atgcatttta accacgcaga tcgtagcttc tctgttgtgg aattgaggtc cagtgtgagt
ttgttgcgga cgaccaaatc gtcgtgtagc atccattccg cgacgctcca gtcaaagccg
gagcaatcag tcggcacaag gtacttcttc cacgaggtaa tcaattcctc cggcggaact
tccacttgcg cggccagagc ttgtacgaac tccagaactt gctcatccgt agacaagcca
aaaccgggtt ttgagggatt tgccctccaa agagcgattt ctcgcttgtt gtggttttga
aacagaaccc gggctaccaa ttgatctact agggaaacgc tcatgatgag gcg
```

Pol-86-SA (Accession # KY401688)

```
ttgactgact cgagggcgtc atctcccatc gctatggccc agtcagcccc acaatggtag
gcagccataa ctcggatcct tgaattagag ctacttgtgt tgtagctacc ggacttttga
acgccaggga ccctttgggc gaggagtgtg ccatcgctca aacacaggac actgttgcaa
atgcatttca accacgcaga tcgtagcttc tctgttgtgg gattgaggtc cagtgtgagt
ttgttgcgga cgaccatatc gtcgtgtaac atccattccg caacgctcca gtcaaagccg
gagcaatcag tcggcacaag gtacttcttc cacgaggtaa tcaactcctc cggtggaact
tccacttgcg cggccagagc ttgtacgaac tccagcactt gctcatccgt agacaagcca
aaaccgggtt ttgagggatt tgccctccaa agagcgattt ctcgcttgtt ctgattttga
aacaaaaccc gggctaccaa ttgatctact agggaaacgc tcatgatgag gcg
```

Pol-97-SA (Accession # KY401689)

```
ttgactgact cgagggcgtc atctcccatc gccatggccc agtcagcccc acaatggtag
gcagccataa ctcggatcct tgaattagag ctacttgtgt tgtagctacc ggacttttga
acgccaggga ccctttgggc gaggagtgtg ccatcgctca aacacaggac actgttgcaa
atacatttta accacgcaga tcgtagcttc tctgttgtgg gattgaggtc cagtgtgagt
ttgttgcgga cgaccagatc gtcgtgtagc atccattccg caacgctcca gtcaaagccg
gagcaatcag tcggcacaag gtacttcttc cacgaggtaa tcaattcctc cggtggaact
tccacttgcg cggccagagc ttgtacgaac tccagcactt gctcatccgt agacaagcca
aaaccggggt ttgagggatt tgccctccaa agagcgattt ctcgcttgtg gtggttttga
aacagaaccc gggctaccaa ttgatctact agggaaacgc tcatgatgag gcg
```

7.2 Apêndice 2: Sequência parcial do genoma da PC com o par de iniciadores PVYV-F e PVYV-R

PVY 107

```
AGCGTTGCGGAATGGATGCTACACGACGATATGGTCGTCCGCAACAAACTCACACTGGAC
CTCAATCCCACAACAGAGAAGCTACGATCTGCGTGGTTAAAATGCATTTGCAACAGTGTC
CTGTGTTTGAGCGATGGCACACTCCTCGCCCAAAGGGTCCCTGGTGTTCAAAAGTCCGGT
AGCTACAACACAAGTAGCTCCAATTCAAGGATCCGAGTTATGGCTGCCTACCATTGTGGG
GCTGACTGGGCCATGGCGATGGGAGATGACGCCCTCGAGTCAGTCAACACCAACCTAGAG
GTGTATAAAAGTCTAGGCTTCAAGGTCGAGGT
```

Pvy 5

AGCGTTGCGGAATGGATGCTACACGACGATATGGTCGTCCGCAACAAACTCACAATGGAC

CTCAATCCCACAACAGAGAAGCTACGATCTGCGGGGTTAAAATGCATTTGCAACAGTGTC

CTGTGTTTGAGCGATGGCACACTCCTCGCCCAAAGGGTCCCTGGTGTTCAAAAGTCCGGT

AGCTACAACACAAGTAGCTCTAATTCAAGGATCCGAGTTATGGCTGCCTACCATTGTGGG

GCTGACTGGGCCATGGCGATGGGAGATGATGCCCTCGAGTCAGTCAACACCAACCTAGAG

GTGTATAAAAGTCTAGGCTTCAAAGTCGAGG

Pvy 9

AGCGTTGCGGAATGGATGCTACACGACGATATGGTCATCCGCAACAAACTCACACTGGAC

CTCAATCCCACAACAGAGAAGCTACGATCTGCGTGGTTAAAATGCATTTGCAACAGTGTC

CTGTGTTTGAGCGATGGCACACTCCTCGCCCAAAGGGTCCCTGGCGTTCAAAAGTCCGGT

AGCTACAACACAAGTAGCTCTAATTCAAGGATCCGAGTTATGGCTGCCTACCATTGTGGG

GCTGACTGGGCCATGGCGATGGGAGATGATGCCCTCGAGTCAGTCAACACCAACCTAGAG

GTGTATAAAAGTCTAGGCTTCAAAGTCGAGGT

Pvy 12

AGCGTTGCGGAATGGATGCTACACGACGATATGGTCGTCCGCAACAAACTCACAATGGAC

CTCAATCCCACAACAGAGAAGCTACGATCTGCGTGGTTAAAATGCATTTGCAACAGTGTC

CTGTGTTTGAGCGATGGCACACTCCTCGCCCAAAGGGTCCCTGGCGTTCAAAAGTCCGGT

AGCTACAACACAAGTAGCTCTAATTCAAGGATCCGAGTTATGGCTGCCTACCATTGTGGG

GCTGACTGGGCCATGGCGATGGGAGATGATGCCCTCGAGTCAGTCAACACCAACCTAGAG

GTGTATAAAAGTCTAGGCTTCAAAGTCGAGGT

Pvy 94c

AGCGTTGCGGAATGGATGCTACACGACGATATGGTCGTCCGCAACAAACTCACACTGGAC

CTCAATCCCACAACAGAGAAGCTACGATCTGCGTGGTTAAAATGCATTTGCAACAGTGTC

CTGTGTTTGAGCGATGGCACACTCCTCGCCCAAAGGGTCCCTGGCGTTCAAAAGTCCGGT

AGCTACAACACAAGTAGCTCTAATTCAAGGATCCGAGTTATGGCTGCCTACCATTGTGGG

GCTGACTGGGCCATGGCGATGGGAGATGATGCCCTCGAGTCAGTCAACACCAACCTAGAG

GTGTATAAAAGTCTAGGCTTCAAAGTCGAGGT

7.3 Apêndice 3: Sequência parcial do genoma da PC menor do PeLRCV utilizando o par de iniciadores ORF-5Up e ORF-5Down

PeLRCV-26-SA-ORF5 (Accession # KY401678)

AGGTTTATCTGGGGATAGGTGGCAATTCTTGCCGGGTGACGGCAACTCCTACACTGAAG
AAAACAGCTACATCCACGACGTTTTAACGTCAGACCAAGTCACGATAGCAGGCTCTACT
TTTAGAACCGGCGACTTGGCTCGAGCGAATTATTCAACACGGGGCAGATTGATAATCAA
GAAAGCAGGTAATATCTCTATTCTGCTTCCCCCTTACAGACGTAGCCATGCTTTTAATT
ATACAAAATCATTTGCAAACTACGGCTGGTTCGCTTGGAAAGCTGGAACAATTTTCATG
GAGTTTGACCGAGACGACAC

PeLRCV-31-SA-ORF5 (KY401679)

AGGTTTATCTGGGGATAGGTGGCAATTCTTGCCGGGTGACGGCAACTCCTACACTGAAG
AAAACAGCTACATCCACGACGTTTTAACGTCAGACCAAGTCACGATAGCAGGCTCTACT
TTTAGAACCGGCGACTTGGCTCGAGCGAATTATTCAACACGGGGCAGATTGATAATCAA
GAAAGCAGGTAATATCTCTATTCTGCTTCCCCCTTACAGACGTAGCCATGCTTTTAATT
ATACAAAATCATTTGCAAACTACGGCTGGTTCGCTTGGAAAGCTGGAACAATTTTCATG
GAGTTTGACCGAGACGACACT

PeLRCV-38-SA-ORF5 (KY401680)

AGGTTTATCTGGGGATAGGTGGCAATTCTTGCCGGGTGACGGCAACTCCTACACTGAAG
AAAACAGCTACATCCACGACGTTTTAACGTCAGACCAAGTCACGATAGCAGGCTCTACT
TTTAGAACCGGCGACTTGGCTCGAGCGAATTATTCAACACGGGGCAGATTGATAATCAA
GAAAGCAGGTAATATCTCTATTCTGCTTCCCCCTTACAGACGTAGCCATGCTTTTAATT
ATACAAAATCATTTGCAAACTACGGCTGGTTCGCTTGGAAAGCTGGAACAATTTTCATG
GAGTTTGACCGAGACGACACT

PeLRCV-67-SA-ORF5 (KY401681)

AGGTTTATCTGGGGATAGGTGGCAATTCTTGCCGGGTGACGGCAACTCCTACACTGAAG
AAAACAGCTACATCCACGACGTTTTAACGTCAGACCAAGTCACGATAGCAGGCTCTACT
TTTAGAACCGGCGACTTGGCTCGAGCGAATTATTCAACACGGGGCAGATTGATAATCAA
GAAAGCAGGTAATATCTCTATTCTGCTTCCCCCTTACAGACGTAGCCATGCTTTTAATT
ATACAAAATCATTTGCAAACTACGGCTGGTTCGCTTGGAAAGCTGGAACAATTTTCATG
GAGTTTGACCGAGACGACACT

PeLRCV-86-SA-ORF5 (KY401682)

AGGTTTATCTGGGGATAGGTGGCAATTCTTGCCGGGTGACGGCAACTCCTACACTGAAG
AAAACAGCTACATCCACGACGTTTTAACGTCAGACCAAGTCACGATAGCAGGCTCTACT
TTTAGAACCGGCGACTTGGCTCGAGCGAATTATTCAACACGGGGCAGATTGATAATCAA
GAAAGCAGGTAATATCTCTATTCTGCTTCCCCCTTACAGACGTAGCCATGCTTTTAATT

ATACAAAATCATTTGCAAACTACGGCTGGTTCGCTTGGAAAGCTGGAACAATTTTCATG
GAGTTTGACCGAGACGACACT

PeLRCV-97-SA-ORF5 (KY401683)

AGGTTTATCTGGGGATAGGTGGCAATTCTTGCCGGGTGACGGCAACTCCTACACTGAAG
AAAACAGCTACATCCACGACGTTTTAACGTCAGACCAAGTCACGATAGCAGGCTCTACT
TTTAGAACCGGCGACTTGGCTCGAGCGAATTATTCAACACGGGGCAGATTGATAATCAA
GAAAGCAGGTAATATCTCTATTCTGCTTCCCCCTTACAGACGTAGACCCCCATGCTTTT
AATTATACAAAATCATTTGCAAACTACGGCTGGTTCGCTTGGAAAGCTGGAACAATTTT
CATGGAGTTTGACCGAGACGACACT

MIX
Papier aus verantwortungsvollen Quellen
Paper from responsible sources
FSC® C105338

Printed by Books on Demand GmbH, Norderstedt / Germany